通信工程
设计与概预算

TONGXIN GONGCHENG SHEJI YU GAIYUSUAN

李振丰　陈　曼　徐志斌◎编著

中国铁道出版社有限公司
CHINA RAILWAY PUBLISHING HOUSE CO., LTD.

内 容 简 介

本书是面向新工科5G移动通信"十三五"规划教材中的一种,系统介绍了通信项目工程设计方法和概预算编制方法。全书分为基础篇、实践篇、拓展篇,主要内容包括电源设备安装、交换设备安装、传输设备安装、移动设备安装、通信线路工程、通信管道工程等通信工程设计的主要步骤和方法,以及概预算编制方法等。

本书在结构安排上采用循序渐进的方式,突出通信工程项目设计和项目概预算等实践能力培养,适合作为高等院校通信类专业的教材,也可作为从事光电缆工程勘察、设计、施工、项目管理及线路维护的技术人员的参考用书。

图书在版编目(CIP)数据

通信工程设计与概预算/李振丰,陈曼,徐志斌编著.—北京:中国铁道出版社有限公司,2021.2(2024.12重印)
面向新工科5G移动通信"十三五"规划教材
ISBN 978-7-113-27442-9

Ⅰ.①通… Ⅱ.①李… ②陈… ③徐… Ⅲ.①通信工程-设计-高等学校-教材②通信工程-概算编制-高等学校-教材③通信工程-预算编制-高等学校-教材 Ⅳ.①TN91

中国版本图书馆CIP数据核字(2020)第234132号

书　　名:通信工程设计与概预算
作　　者:李振丰　陈　曼　徐志斌

策　　划:韩从付　　　　　　　　　编辑部电话:(010)63549501
责任编辑:贾　星　包　宁
封面设计:MX DESIGN STUDIO
封面制作:尚明龙
责任校对:苗　丹
责任印制:赵星辰

出版发行:中国铁道出版社有限公司(100054,北京市西城区右安门西街8号)
网　　址:https://www.tdpress.com/51eds
印　　刷:三河市国英印务有限公司
版　　次:2021年2月第1版　2024年12月第4次印刷
开　　本:787 mm×1 092 mm 1/16　印张:14　字数:345千
书　　号:ISBN 978-7-113-27442-9
定　　价:45.00元

主 任：

    张光义   中国工程院院士、西安电子科技大学电子工程学院信号与信息处理学科教授、博士生导师

副主任：

    朱伏生   广东省新一代通信与网络创新研究院院长

    赵玉洁   中国电子科技集团有限公司第十四研究所规划与经济运行部副部长、研究员级高级工程师

委 员：（按姓氏笔画排序）

    王守臣   博士，先后任职中兴通讯副总裁、中兴高达总经理、海兴电力副总裁、爱禾电子总裁，现任杭州电瓦特信息技术有限责任公司总裁

    汪 治   广东新安职业技术学院副校长、教授

    宋志群   中国电子科技集团有限公司通信与传输领域首席科学家

    张志刚   中兴网信副总裁、中国医学装备协会智能装备委员、中国智慧城市论坛委员、中国香港智慧城市优秀人才、德中工业4.0联盟委员

    周志鹏   中国电子科技集团有限公司第十四研究所首席专家

    郝维昌   北京航空航天大学物理学院教授、博士生导师

    荆志文   中国铁道出版社有限公司教材出版中心主任、编审

编委会成员：（按姓氏笔画排序）

王长松	方　明	兰　剑	吕其恒
刘　义	刘丽丽	刘海亮	江志军
许高山	阳　春	牟永建	李延保
李振丰	杨盛文	张　倩	张　爽
张伟斌	陈　曼	罗伟才	罗周生
胡良稳	姚中阳	秦明明	袁　彬
贾　星	徐　巍	徐志斌	黄　丹
蒋志钊	韩从付	舒雪姣	蔡正保
戴泽淼	魏聚勇		

序 一

全球经济一体化促使信息产业高速发展，给当今世界人类生活带来了巨大的变化，通信技术在这场变革中起着至关重要的作用。通信技术的应用和普及大大缩短了信息传递的时间，优化了信息传播的效率，特别是移动通信技术的不断突破，极大地提高了信息交换的简洁化和便利化程度，扩大了信息传播的范围。目前，5G通信技术在全球范围内引起各国的高度重视，是国家竞争力的重要组成部分。中国政府早在"十三五"规划中已明确推出"网络强国"战略和"互联网+"行动计划，旨在不断加强国内通信网络建设，为物联网、云计算、大数据和人工智能等行业提供强有力的通信网络支撑，为工业产业升级提供强大动力，提高中国智能制造业的创造力和竞争力。

近年来，为适应国家建设教育强国的战略部署，满足区域和地方经济发展对高学历人才和技术应用型人才的需要，国家颁布了一系列发展普通教育和职业教育的决定。2017年10月，习近平总书记在党的十九大报告中指出，要提高保障和改善民生水平，加强和创新社会治理，优先发展教育事业。要完善职业教育和培训体系，深化产教融合、校企合作。2010年7月发布的《国家中长期教育改革和发展规划纲要（2010—2020年）》指出，高等教育承担着培养高级专门人才、发展科学技术文化、促进社会主义现代化建设的重大任务，提高质量是高等教育发展的核心任务，是建设高等教育强国的基本要求。要加强实验室、校内外实习基地、课程教材等基本建设，创立高校与科研院所、行业、企业联合培养人才的新机制。《国务院关于大力推进职业教育改革与发展的决定》指出，要加强实践教学，提高受教育者的职业能力，职业学校要培养学生的实践能力、专业技能、敬业精神和严谨求实作风。

现阶段，高校专业人才培养工作与通信行业的实际人才需求存在以下几个问题：

一、通信专业人才培养与行业需求不完全适应

面对通信行业的人才需求，应用型本科教育和高等职业教育的主要任务是培养更多更好的应用型、技能型人才，为此国家相关部门颁布了一系列文件，提出了明确的导向，但现阶段高等职业教育体系和专业建设还存在过于倾向学历化的问题。通信行业因其工程性、实践性、实时性等特点，要求高职院校在培养通信人才的过程中必须严格落实国家制定的"产教融合，校企合作，工学结合"的人才培养要求，引入产业资源充实课程内容，使人才培养与产业需求有机统一。

二、教学模式相对陈旧，专业实践教学滞后比较明显

当前通信专业应用型本科教育和高等职业教育仍较多采用课堂讲授为主的教学模式，学生很难以"准职业人"的身份参与教学活动。这种普通教育模式比较缺乏对通信人才的专业技能培训。应用型本科和高职院校的实践教学应引入"职业化"教学的理念，使实践教

学从课程实验、简单专业实训、金工实训等传统内容中走出来,积极引入企业实战项目,广泛采取项目式教学手段,根据行业发展和企业人才需求培养学生的实践能力、技术应用能力和创新能力。

三、专业课程设置和课程内容与通信行业的能力要求多有脱节,应用性不强

作为高等教育体系中的应用型本科教育和高等职业教育,不仅要实现其"高等性",也要实现其"应用性"和"职业性"。教育要与行业对接,实现深度的产教融合。专业课程设置和课程内容中对实践能力的培养较弱,缺乏针对性,不利于学生职业素质的培养,难以适应通信行业的要求。同时,课程结构缺乏层次性和衔接性,并非是纵向深化为主的学习方式,教学内容与行业脱节,难以吸引学生的注意力,易出现"学而不用,用而不学"的尴尬现象。

新工科就是基于国家战略发展新需求、适应国际竞争新形势、满足立德树人新要求而提出的我国工程教育改革方向。探索集前沿技术培养与专业解决方案于一身的教程,面向新工科,有助于解决人才培养中遇到的上述问题,提升高校教学水平,培养满足行业需求的新技术人才,因而具有十分重要的意义。

本套书是面向新工科5G移动通信"十三五"规划教材,第一期计划出版15本,分别是《光通信原理及应用实践》《综合布线工程设计》《光传输技术》《无线网络规划与优化》《数据通信技术》《数据网络设计与规划》《光宽带接入技术》《5G移动通信技术》《现代移动通信技术》《通信工程设计与概预算》《分组传送技术》《通信全网实践》《通信项目管理与监理》《移动通信室内覆盖工程》《WLAN无线通信技术》。套书整合了高校理论教学与企业实践的优势,兼顾理论系统性与实践操作的指导性,旨在打造为移动通信教学领域的精品图书。

本套书围绕我国培育和发展通信产业的总体规划和目标,立足当前院校教学实际场景,构建起完善的移动通信理论知识框架,通过融入中兴教育培养应用型技术技能专业人才的核心目标,建立起从理论到工程实践的知识桥梁,致力于培养既具备扎实理论基础又能从事实践的优秀应用型人才。

本套书的编者来自中兴通讯股份有限公司、广东省新一代通信与网络创新研究院、南京理工大学、中兴教育管理有限公司等单位,包括广东省新一代通信与网络创新研究院院长朱伏生、中兴通讯股份有限公司牟永建、中兴教育管理有限公司常务副总裁吕其恒、中兴教育管理有限公司徐魏、舒雪姣、徐志斌、兰剑、李振丰、李延保、蒋志钊、阳春、袁彬等。

本套书如有不足之处,请各位专家、老师和广大读者不吝指正。希望通过本套书的不断完善和出版,为我国通信教育事业的发展和应用型人才培养做出更大贡献。

张老义

2019年8月

序 二

现今,ICT(信息、通信和技术)领域是当仁不让的焦点。国家发布了一系列政策,从顶层设计引导和推动新型技术发展,各类智能技术深度融入垂直领域为传统行业的发展添薪加火;面向实际生活的应用日益丰富,智能化的生活实现了从"能用"向"好用"的转变;"大智物云"更上一层楼,从服务本行业扩展到推动企业数字化转型。中央经济工作会议在部署2019年工作时提出,加快5G商用步伐,加强人工智能、工业互联网、物联网等新型基础设施建设。5G牌照发放后已经带动移动、联通和电信在5G网络建设的投资,并且国家一直积极推动国家宽带战略,这也牵引了运营商加大在宽带固网基础设施与设备的投入。

5G时代的技术革命使通信及通信关联企业对通信专业的人才提出了新的要求。在这种新形势下,企业对学生的新技术和新科技认知度、岗位适应性和扩展性、综合能力素质有了更高的要求。为此,2015年在世界电信和信息社会日以及国际电信联盟成立150周年之际,中兴通讯隆重地发布了信息通信技术的百科全书,浓缩了中兴通讯从固定通信到1G、2G、3G、4G、5G所有积累下来的技术。同时,中兴教育管理有限公司再次出发,面向教育领域人才培养做出规划,为通信行业人才输出做出有力支撑。

本套书是中兴教育管理有限公司面向新工科移动通信专业学生及对通信感兴趣的初学人士所开发的系列教材之一。以培养学生的应用能力为主要目标,理论与实践并重,并强调理论与实践相结合。通过校企双方优势资源的共同投入和促进,建立以产业需求为导向、以实践能力培养为重点、以产学结合为途径的专业培养模式,使学生既获得实际工作体验,又夯实基础知识,掌握实际技能,提升综合素养。因此,本套书注重实际应用,立足于高等教育应用型人才培养目标,结合中兴教育管理有限公司培养应用型技术技能专业人才的核心目标,在内容编排上,将教材知识点项目化、模块化,用任务驱动的方式安排项目,力求循序渐进、举一反三、通俗易懂,突出实践性和工程性,使抽象的理论具体化、形象化,使之真正贴合实际、面向工程应用。

本套书编写过程中,主要形成了以下特点:

(1)系统性。以项目为基础、以任务实战的方式安排内容,架构清晰、组织结构新颖。先让学生掌握课程整体知识内容的骨架,然后在不同项目中穿插实战任务,学习目标明确,实战经验丰富,对学生培养效果好。

（2）实用性。本套书由一批具有丰富教学经验和多年工程实践经验的企业培训师编写，既解决了高校教师教学经验丰富但工程经验少、编写教材时不免理论内容过多的问题，又解决了工程人员实战经验多却无法全面清晰阐述内容的问题，教材贴合实际又易于学习，实用性好。

（3）前瞻性。任务案例来自工程一线，案例新、实践性强。本套书结合工程一线真实案例编写了大量实训任务和工程案例演练环节，让学生掌握实际工作中所需要用到的各种技能，边做边学，在学校完成实践学习，提前具备职业人才技能素养。

本套书如有不足之处，请各位专家、老师和广大读者不吝指正。以新工科的要求进行技能人才培养需要更加广泛深入的探索，希望通过本套书的不断完善，与各界同仁一道携手并进，为教育事业共尽绵薄之力。

2019 年 8 月

前　言

通信工程设计和通信工程概预算是通信工程方案设计的重要内容。2020年我国提出要加快5G网络、数据中心等"新基建"建设进度，到2025年5G网络建设投资累计将达到1.2万亿元。通信工程设计要做到技术和经济的统一，使得工程项目在建设、营运和发展过程中均有较高的投资效益；还要实行资源的综合利用，节约能源、节约用地，并符合国家颁布的环保标准。

通信工程设计与概预算是通信专业学生必备的专业知识，是从事通信工程设计和建设的重要基础。

结合通信工程项目设计与概预算的工作内容，本书共有3个项目9个任务。项目一讨论通信工程准备工作与设计勘察，包括通信工程设计概述、通信工程设计勘察、通信工程制图和通信工程概预算；项目二通过工程实践案例讨论通信工程各专业设计，包括通信电源工程设计、通信线路工程设计和通信管道工程设计；项目三以案例讨论为主，包括有线通信工程案例和无线通信设备工程案例。

本书适合作为通信工程等专业的教学参考书，也可供从事通信工程设计方面的人员参考学习。教材编写过程中得到了来自中兴通讯等企业的专家的大力协助，结合企业岗位技能要求对教材大纲提出了很多宝贵的意见，提供了大量丰富的工程案例、设计文档、图片，使教材内容更加贴近工程实际，在此表示衷心的感谢！

鉴于通信工程设计与概预算设计的工具软件和方法不断更新，加之编著者水平有限，书中难免会有疏漏和不妥之处，敬请广大读者批评指正。

编著者

2020年5月

目　录

拓展篇　通信工程设计案例

基础篇
通信工程设计

自改革开放以来，我国逐步认识到通信技术对促进经济发展建设的重要性，并逐步形成用信息技术改造传统产业，以信息化带动工业化，实现整个国民经济跨越式发展的战略思想。在此背景下，几十年来，通信技术飞速发展，由 2G 时代、3G 时代、4G 时代到 5G 时代，由传统程控交换通信到数据交换通信，到大数据、物联网、智慧城市、智慧校园、智慧生活，都离不开通信建设，为了不断加快国家经济建设进程和提高劳动人民的物质文化生活水平，就需要有计划、有目的地投入一定的人力、财力和物力，通过勘察、设计、施工及设备配置等活动，将先进的通信技术转化为现实生产力，而整个实施过程就是通信建设工程。

2019 年 11 月，中国移动正式启动 31 个省公司的 2020—2021 年通信工程设计与可行性研究集采。本次采购规模庞大，涵盖了 31 个省公司的无线网（5G、FDD、NB 等）、传送网、核心网、支撑网、承载网、业务网、电源等专业。31 个省公司的通信工程设计与可行性研究集采预估基本规模超 374.88 亿元（不含税），预估扩展规模超 562.32 亿元（不含税）。其中北京、天津、河北、吉林、山西、福建、云南、辽宁等 16 个省公司的通信工程设计与可行性研究工作划分为 66 个标段；广东、江苏、浙江、上海等 15 个省的通信工程设计与可行性研究工作划分为 89 个标段。

📖 学习目标

- 了解建设项目的主要特征。
- 掌握建设项目的分类方法。
- 了解通信网络的构成。
- 掌握设计文件的编制。
- 掌握通信工程设计内容及流程。
- 掌握制图软件的使用。
- 掌握施工图测量方法。
- 了解勘察知识。
- 熟悉定额及概预算的编制。

通信工程准备工作及设计勘察

- 学习通信工程设计基础知识
  - 通信工程建设项目介绍
  - 通信项目阶段划分
  - 通信工程设计的构成
- 熟悉通信工程设计勘察过程
  - 通信工程勘察
  - 通信工程设计制图
- 学习通信工程制图
  - 通信设计制图软件应用
  - 工程图基本绘制及应用
- 学习通信工程概预算编制
  - 通信建设工程定额
  - 通信工程概算、预算
  - 概预算的编制
  - 通信工程概预算软件

项目一

通信工程准备工作与设计勘察

任务一　学习通信工程设计基础知识

任务描述

设计是通信建设项目中很重要的一部分,在设计移动通信工程时,对不同建设项目规模及不同建设阶段的通信建设项目进行分类,是做好通信工程设计的前提条件。

任务目标

- 归纳通信项目的分类。
- 了解通信建设项目的特征。
- 了解通信网络的构成。
- 掌握设计文件的编制。
- 掌握通信工程设计内容及流程。
- 掌握制图软件的使用。
- 掌握施工图测量方法。
- 了解勘察知识。

任务实施

一、通信工程建设项目介绍

通信工程简单说就是通信网络建设及设备施工,包括通信线路敷设、通信设备安装调试、通信附属设施的施工等。通信工程建设需遵守基本的建设程序,实行工程项目管理,这对提高工程质量、保证工期、降低建设成本起到了重要作用。其中通信工程设计环节是工程项目建设的基础,也是技术的先进性、可行性及项目建设的经济效益和社会效益的综合体现。

（一）通信工程建设项目的概念

建设项目是指按一个总体设计进行建设,经济上实行统一核算,行政上有独立的组织形式,实行统一管理的建设单位,如图 1-1-1 所示。

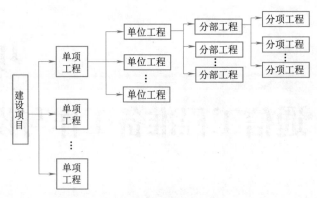

图 1-1-1 建设项目分部

(二)通信工程建设项目的分类

通信工程建设项目可按不同标准、原则或方法进行分类,如图 1-1-2 所示。

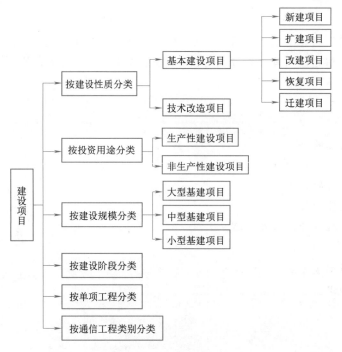

图 1-1-2 建设项目分类

1. 按建设性质分类

按建设性质不同,可划分为基本建设项目和技术改造项目两类。

(1)基本建设项目

基本建设是指利用国家预算内基建拨款投资、国内外基本建设贷款、自筹资金以及其他专项资金进行的,以扩大生产能力为主要目的的新建、扩建等经济活动。长途传输、卫星通信、移动通信及电信机房等建设都属于基本建设项目。基本建设项目包括以下 5 个方面:

①新建项目:从无到有,"平地起家",新开始建设项目。

②扩建项目:是指为扩大原有生产能力和效益而新建的主要电信机房和工程。

③改建项目:是指原有单位为提高生产效率改进产品质量等进行技术改造。

④恢复项目:是指原企事业单位的固定资产,因自然灾害、战争或人为等原因全部或者部分报废,而后又投资恢复建设的项目。

⑤迁建项目:是指原企事业单位由于各种原因迁到另外的地方建设的项目。

（2）技术改造项目

技术改造是指利用自有资金、国内外贷款、专项基金和其他资金,通过采用新技术、新工艺、新设备和新材料对现有固定资产进行更新、技术改造及其相关的经济活动。

通信技术改造项目主要包括:

①原有电缆、光缆、微波传输系统和其他无线通信系统的技术改造、更新换代和扩容工程。

②原有本地网的扩建增容、补缺配套,以及采用新技术、新设备的更新和改造工程。

③电信机房或其他建筑物推倒重建或移地重建。

④增建、改建的职工住宅以及其他列入改造计划的工程。

2. 按投资用途分类

（1）生产性建设项目

生产性建设项目是指直接用于物质生产或为满足物质生产需要的建设项目,包括工业建设项目、建筑业建设项目、农林水利气象建设项目、运输邮电建设项目、商业物资供应建设项目和地址资源勘探建设项目。

（2）非生产性建设项目

非生产性建设项目是指用于满足人民物质生活和文化生活需要的建设项目,包括住宅建设项目、文教卫生建设项目、科学实验研究建设项目、公用事业建设项目和其他建设项目。

3. 按建设规模分类

建设项目大、中、小型是按项目建设总规划或者总投资确定的。对国民经济具有特殊意义的某些项目,如产品为全国服务、生产新产品、采用新技术的重大项目。对发展边远地区经济有重大作用,虽然设计规模或全部投资不够大中型标准,经国家批准、指定,列入大中型项目计划的,也要按照大中型项目管理。

4. 按建设阶段分类

按建设阶段不同,建设项目可以划分为筹建项目、本年正式施工项目、本年收尾项目、竣工项目、停缓建项目五大类。

5. 按单项工程划分类

通信建设工程按单项工程划分如表1-1-1所示。

表1-1-1　通信建设工程按单项工程划分

专业类别	单项工程名称	备　注
通信线路工程	1．××光、电缆线路工程	进局及中继光（电）缆工程可按每个城市作为一个单项工程
	2．××水底光、电缆工程（包括水线房建筑及设备安装）	
	3．××用户线路工程（包括主干及配线光、电缆,交换机配电设备,集线器,杆路等）	
	4．××综合布线系统工程	
通信管道建设工程	通信管道建设工程	

续表

专业类别	单项工程名称	备 注
通信传输设备安装工程	1.××数字复用设备及光、电设备安装工程	
	2.××中继设备、光放设备安装工程	
微波通信设备安装工程	××微波通信设备安装工程(包括天线、馈线)	
卫星通信设备安装工程	××地球站通信设备安装工程(包括天线、馈线)	
移动通信设备安装工程	1.××移动控制中心设备安装工程	
	2.基站设备安装工程(包括天线、馈线)	
	3.分布系统设备安装工程	
通信交换设备安装工程	××通信交换设备安装工程	
数据通信设备安装工程	××数据通信设备安装工程	
供电设备安装工程	××电源设备安装工程(包括专用高压供电电线路工程)	

6.按通信工程类别分类

通信建设工程按类别划分如表 1-1-2 所示。

表 1-1-2 通信工程类别划分

一类工程	二类工程	三类工程	四类工程
大型项目投资在 5 000 万元以上的通信项目	投资在 2 000 万元以下的部定通信工程项目	投资在 2 000 万元以下的省定通信工程项目	县局工程项目
省际通信工程项目	省内通信干线工程项目	投资在 500 万元以上的通信工程项目	其他小型项目
投资在 2 000 万元以上的部定通信工程项目	投资在 2 000 万元以上的省定通信工程项目	地市工程项目	

(三)通信工程建设项目的特点

1.有特定的对象

任何建设项目都有具体的对象,是建设项目的基本特征。根据建设项目的概念,一个建设项目要有一个总体设计,否则不能成为一个建设项目。

2.可进行统一的、独立的项目管理

由于建设项目一次性的特定任务,是在固定的建设地点、经过专门的设计并应根据实际条件建立一次性组织,进行施工生产活动,因此,建设项目一般在行政上实行统一管理,在经济上实行统一核算,由一次性的组织机构实行独立的项目管理。

3.建设过程具有程序性

一个建设项目从决策开始到项目投入使用,取得投资效益,要遵循必要的建设程序和经历特定的建设过程。

4.项目的组织和法律条件

建设项目的组织是一次性的,随项目开始而产生,随项目的结束而消亡;项目参加单位之间以合同作为纽带而相互联系,同时以合同作为分配工作、划分权利和责任关系的依据。建设项目的建设和运行要遵循相关法律,如建筑法、合同法、招标投标法等。

为了加强建设项目管理,正确反映建设项目的内容及规模,建设项目可按不同标准、原则或者方法进行分类。

（四）解析工程造价

1. 工程造价的概念

工程造价是指建设一项工程预期开支或实际开支的全部固定资产投资费用。投资者为了获得预期效益,需要通过项目评估进行决策,然后进行设计招标、工程招标,直至竣工验收等一系列建设管理活动,使投资转化为固定资产和无形资产。

2. 工程造价的作用

工程造价涉及国民经济各部门、各行业社会再生产中的各个环节,也直接关系到人民群众的相关利益,所以其作用范围和影响程度都很大。同时,工程造价的高低也会对项目的分类产生一定的影响。

（1）建设工程造价是制订投资计划和控制投资的有效工具

投资计划是按照建设工期、进度和建设工程建造价格等,逐年、分月加以定制的。正确的投资计划有助于合理而有效地使用建设资金。

工程造价在控制投资方面的作用非常显见。工程造价是通过多次性预估,最终通过竣工决算确定下来的。每一次预估的过程就是对造价的控制过程,这种控制是在投资者财务能力的限度内,为取得既定的投资效益所必需的。建设工程造价对投资的控制也表现在利用各类定额、标准和参数,对建设工程造价进行控制。在市场经济利益风险机制的作用下,造价对投资的控制作用成为投资的内部约束机制。

（2）建设工程造价是筹集建设资金的依据

投资体制的改革和市场经济的建立,要求项目的投资者必须有很强的筹资能力,以保证工程建设有充足的资金供应。工程造价基本决定了建设资金的需求量,为筹集资金提供了比较准确的依据。同时,金融机构也需要依据工程造价来确定给予投资者的贷款数额。

（3）工程造价是评价投资效果的重要指标

建设工程造价是一个包含多层次工程造价的体系。就一个工程项目来说,它既是建设项目的总造价,又包含单项工程的造价和单位工程造价,同时包含单位生产能力的造价。所有这些,使工程造价自身形成了一个指标体系,能够为评价投资效果提供多种评价指标,并能够形成新的价格信息,为今后类似建设工程项目的投资提供可靠的参考。

3. 工程造价的计价特征

工程造价的特点决定了工程造价的计价特征。了解这些特征,对工程造价的确定与控制而言是非常必要的。

（1）单件性计价特征

产品的差别性决定每项工程都必须依据其差别单独计算造价。这是因为每个建设项目所处的地址位置、地形地貌、地质结构、水文、气候、建筑标准、运输、材料供应等都有其独特形式和结构,需要一套单独的设计图纸,并采取不同的施工方法和施工组织,不能像对一般工业产品那样按品种、规格、质量等成批定价。

（2）多次性计价特征

建设工程周期长、规模大、造价高,因此,要按建设程序分阶段实施,在不同的阶段影响工程造价的各种因素逐步被确定,适时地调整工程造价,以保证其控制的科学性。多次性计价就是逐步深入、逐步细化和逐步接近实际造价的过程,如图1-1-3所示。

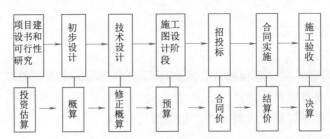

图1-1-3　多次性计价过程

（3）组合性特征

工程造价的计算是分布组合而成,这一特征和建设项目的组合性有关。一个建设项目是一个工程综合体,这个综合体可以分解为许多有内在联系的独立和不独立的工程。单位工程的造价可以分解出分部、分项工程的造价。从计价和工程管理的角度,分部、分项工程还可以再分解。可以看出,建设项目的这种组合性决定了计价的过程是一个逐步组合的过程。这一特征在计算概算造价和预算造价时尤为明显,所以也反映到了合同价和结算价中。

按照工程项目划分,工程造价的计算过程和计算顺序是:分部、分项工程造价—单位工程造价—单项工程造价—建设项目总造价。

分部、分项工程是编制施工预算和统计实物工程的依据,也是计算施工产值和投资完成额的基础。

（4）方法多样性特征

为适应多次性计价及各阶段对造价的不同精确度要求,计算和确定工程造价的方法有综合指标估算法、单位指标估算法、套用定额法、设备系数法等。不同的方法各有利弊,适用条件也不同,所以计价时要加以选择。

（5）影响工程造价因素分类

影响工程造价的因素主要可分为以下7类:

①计算设备和工程量依据。包括人工单价、材料价格、机械和仪表台班价格等。

②计算人工、材料、机械等实物消耗量依据。包括投资估算指标,概算定额、预算定额等。

③计算工程单价的价格依据。包括人工单价、材料价格、机械和仪表台班价格等。

④计算设备单价依据。包括设备原价、设备运杂费、进口设备关税等。

⑤计算措施费、间接费和工程建设其他费用依据,主要是相关的费用定额和指标。

⑥政府规定的税、费。

⑦物价指数和工程造价指数。

二、通信项目阶段划分

（一）项目立项

1.项目建议书

项目建议书是工程建设程序中最初阶段的工作,是投资决策前拟定该工程项目的轮廓设想。项目建议书提出后,可根据项目的规模、性质报送相关部门审批,批准后即可进行可行性研究工作。

2.可行性研究

建设项目可行性研究是对拟建项目在决策前进行方案比较、技术经济论证的一种科学分析方法,是建设前期工作的重要组成部分。可行性研究报告是在可行性研究的基础上编制的,是编制初步设计概预算的依据。

(1)可行性研究报告的内容

可行性研究报告的内容根据建设行业的不同而各有侧重,通信建设工程的可行性研究报告一般包括以下几项主要内容。

①总论:包括项目提出的背景,建设的必要性和投资效益,可行性研究的依据及简要结论等。

②需求预测与拟建规模:包括业务流量、流向预测,通信设施现状,国家从战略、边海防等需要出发对通信特殊要求的考虑,拟建项目的构成范围及工程拟建规模容量等。

③建设与技术方案论证:包括组网方案,传输线路建设方案,局站建设方案,通路组织方案,设备选型方案,原有设施利用、挖掘和技术改造方案,以及主要建设标准的考虑等。

④建设可行性条件:包括资金来源、设备供应、建设与安装条件、外部协作条件,以及环境保护与节能等。

⑤配套及协调建设项目的建议:如进城通信管道、机房土建、市电引入、空调机配套工程项目的提出等。

⑥建设进度安排的建议。

⑦维护组织、劳动定员与人员培训。

⑧主要工程量与投资估算。

⑨经济评价。

⑩需要说明的有关问题。

(2)可行性研究报告的编制程序

在项目建议书批准后,就要进行可行性研究,编写可行性研究报告,一般可分为以下几个步骤进行:

①筹划、准备及材料搜集:包括技术策划、人员组织与分工;征询工程主管或建设单位对本项目的建设意图和设想,了解项目产生的背景及建设的紧迫性;研究项目建议书,搜集项目其他相关文件、资料和图纸;研究分析本项目与已建项目及近、远期规划的关系,初拟建设方案;落实本项目的资金筹措方式、贷款利率等问题。

②现场条件调研与勘察。

③确立技术方案。

④投资估算和经济评价分析。

⑤编写报告书:主要内容是编写说明、绘制图纸、各级校审和文件印刷等。可行性研究报告书中对一些特殊要求(如国际贷款机构要求等)要单独说明。

⑥项目审查:一般由该项目的上级主管单位负责组织,由建设、设计部门的有关专家参加,以对建设项目各建设方案技术上的可行性、经济上的合理性和主要建设标准等进行全面审查。

3.专家评估

专家评估是由项目主要负责部门组织行业领域内的相关专家,对可行性研究报告所作结论的真实性和可靠性进行评价,并提出具体的意见和建议。专家评估报告是主管领导决策的依据之一,对于重点工程、技术引进等项目进行专家评估是十分必要的。

(二)项目实施

根据通信工程建设特点及工程建设管理需要,一般通信建设项目设计按初步设计和施工图设计两个阶段进行;对于通信技术上复杂的,采用新通信设备和新技术,可增加技术设计阶段,按初步设计、技术设计、施工图设计三个阶段进行;对于规模较小,技术成熟,或套用标准的通信工程项目,可直接进行施工图设计,称为"一阶段设计",例如设计施工比较成熟的市内光缆通信工程项目等。

1. 初步设计及技术设计

初步设计是根据批准的可行性研究报告,以及有关的设计标准、规范,并通过现场勘察工作取得设计基础资料后进行编制的。初步设计的主要任务是确定项目的建设方案、进行设备选型、编制工程项目的总概算。其中,初步设计中的主要设计方案及重大技术措施等应通过技术经济分析,进行多方案比较论证,未采用方案的扼要情况及采用方案的选定理由均写入设计文件。

技术设计是根据已批准的初步设计,对设计中比较复杂的项目、遗留问题或特殊需要,通过更详细的设计和计算,进一步研究和阐明其可靠性和合理性,准确地解决各个主要技术问题。技术设计深度和范围基本与初步设计一致,应编制修正概算。

2. 年度计划安排

建设单位根据批准的初步设计和投资概算,经过资金、物资、设计、施工能力等的综合平衡后,做出年度计划安排。年度计划中包括通信基本建设拨款计划、设备和主要材料(采购)储备贷款计划、工期组织配合计划等内容。年度计划中应包括整个工程项目和年度的投资进度计划。

经批准的年度建设项目计划是进行基本建设拨款或贷款的主要依据,是编制保证工程项目总进度要求的重要文件。

3. 建设单位施工准备

施工准备是通信基本建设程序中的重要环节,主要内容包括征地、拆迁、三通一平、地质勘察等,此阶段以建设单位为主进行。

为保证建设工程顺利实施,建设单位应根据建设项目或单项工程的技术特点,适时组成建设工程的管理机构,做好以下具体工作:

①制定本单位的各项管理制度和标准,落实项目管理人员。

②根据批准的初步设计文件汇总拟采购的设备和专用主要材料的技术资料。

③落实项目施工所需要的各项报批手续。

④落实施工现场环境的准备工作(完成机房建设,包括水、电、暖等)。

⑤落实特殊工程验收指标审定工作。

特殊工程验收指标包括:新技术、新设备被应用在工程项目中的(没有技术标准的);由于工程项目的地理环境、设备状况不同,要对工程的验收指标进行讨论和审定的;由于工程项目的特殊要求,需要重新审定验收标准的;由于建设单位或设计单位对工程提出的特殊技术要求,或高于规范标准要求的工程项目,需要重新审定验收标准的。

4. 施工图设计

建设单位委托设计单位根据批准的初步设计文件和主要通信设备订货合同进行施工图设计。设计人员在对现场进行详细勘察的基础上,对初步设计进行必要的修正;绘制施工详图,标明通信线路和通信设备的结构尺寸、安装设备的配置关系和布线;明确施工工艺要求;编制施工图预算;以必要的文字说明表达意图,指导施工。

各个阶段的设计文件编制完成后,根据项目的规模和重要性组织主管部门、设计、施工建设单位、物资、银行等单位的人员进行会审,然后上报批准。工程设计文件一经批准,执行中不得任意修改变更。施工图设计文件是承担工程实施部门(即有施工执照的线路、机械设备施工队)完成项目建设的主要依据。

同时,施工图设计文件是控制建筑安装工程造价的重要文件,是办理价款结算和考核工程成本的依据。

5. 施工招标

施工招标是建设单位将建设工程发包,鼓励施工企业投标竞争,从中评定出技术、管理水平高、信誉可靠且报价合理、具有相应通信工程施工等级资质的通信工程施工企业中标。推行施工招标对于择优选择施工企业、确保工程质量和工期具有重要意义。

建设工程招标依据《中华人民共和国招标投标法》和《通信建设项目招标投标管理暂行规定》,可采用公开招标和邀请招标两种形式。由建设单位编制标书,公开向社会招标,在拟建工程的技术、质量和工期要求基础上,预先明确建设单位与施工企业各自应承担的责任与义务,依法组成合作关系。

6. 开工报告

经施工招标、签订承包合同后,建设单位落实年度资金拨款、设备和主材供货及工程管理组织,并于开工前一个月由建设单位会同施工单位向主管部门提出建设项目开工报告。在项目开工报批前,应有审计部门对项目的有关费用记取标准及资金渠道进行审计,方可正式开工。

7. 施工

施工承包单位应根据施工合同条款、批准的施工图设计文件和施工组织设计文件进行施工准备和施工实施,在确保通信工程施工质量、工期、成本、安全等目标的前提下,满足通信施工项目竣工验收规范和设计文件的要求。

(1)施工单位现场准备工作主要内容

施工的现场准备工作,主要是为了给施工项目创造有利的施工条件和物质保证。因项目类型不同,准备工作内容也不尽相同,此处按光(电)缆线路工程、光(电)缆管道工程、设备安装工程和其他准备工作分类叙述。

①光(电)缆线路工程:现场考察、地质条件考察及路由复测、建立临时设施、建立分屯点、材料与设备进场检测、安装调试施工机具。

②光(电)管道工程:管道线路实地考察、考察其他管线情况及路由复测、建立临时设施、材料与设备进场检测、光(电)缆和塑料子管配盘、安装调试施工机具。

③设备安装工程:施工机房的现场考察、办理施工准入证件、设计图纸现场复核、安排设备仪表的存放地、在用设备的安全防护措施、机房环境卫生的保障措施。

④其他准备:做好冬雨期施工准备工作、特殊地区施工准备。

(2)施工单位技术准备工作

施工前的技术准备工作包括认真审阅施工图设计,了解设计意图,做好设计交底、技术示范,统一操作要求,使参加施工的每个人都明确施工任务及技术标准,严格按施工图设计施工。

(3)施工图设计审核

在工程开工前,使参与施工的工程管理及技术人员充分地了解和掌握设计图纸的设计意图、工程特点和技术要求;通过审核,发现施工图设计中存在的问题,在施工图设计会审会议上提出,为施工项目实施提供准确、齐全的施工图纸。审查施工图设计的程序通常分为自审和会审两个阶段。

（4）技术交底

为确保所承担的工程项目满足合同规定的质量要求,保证项目的顺利实施,应使所有参与施工的人员熟悉并了解项目的概况、设计要求、技术要求、工艺要求。技术交底是确保工程项目质量的关键环节,是质量要求、技术标准得以全面认真执行的保证。

（5）制定技术措施

技术措施是为了克服生产中的薄弱环节,挖掘生产潜力,保证完成生产任务,获得良好的经济效果,在提高技术水平方面采取的各种手段或方法。它不同于技术革新,技术革新强调一个新字,而技术措施则是综合已有的先进经验或措施,如加快施工进度方面的技术措施,保证和提高工程质量的技术措施,节约劳动力、原材料、动力、燃料的措施,推广新技术、新工艺、新结构、新材料的措施,提高机械化水平、改进机械设备的管理以提高完好率和利用率的措施,改进施工工艺和操作技术以提高劳动生产率的措施,保证安全施工的措施。

（6）新技术培训

随着信息产业的飞速发展,新技术、新设备不断推出,新技术的培训是通信工程实施的重要技术准备,是保证工程顺利实施的前提。

由于新技术是动态的、不断更新的,因此,需要对参与工程施工的工作人员不断进行培训,以保证受培训人员具备工程施工的相应技术能力。

受培训人员包括参与工程项目中含有新技术内容的工程技术人员,如新上岗、转岗、变岗人员。

（7）施工实施

在施工过程中,对隐蔽工程在每一道工序完成后应由建设单位委派的监理工程师或代表进行竣工验收,验收合格后才能进行下一道工序,完工并自验合格后方可提交"交(完)工报告"。

（三）项目验收

1. 初步验收

初步验收一般由施工企业完成承包合同规定的工作量后,依据合同条款向建设单位申请项目完工验收。初步验收由建设单位(或委托监理公司)组织,相关设计、施工、维护、档案及质量管理等部门参加。除小型建设项目外,其他所有新建、扩建、改建等基本建设项目及属于基本建设性质的技术改造项目,都应在完成施工调测之后进行初步验收。

2. 生产准备

生产准备是指工程项目交付使用前必须进行的生产、技术和生活等方面的必要准备。包括:

①培训生产人员。一般在施工前配齐人员,并可直接参加施工、验收等工作,使之熟悉工艺过程、方法,为今后独立维护打下坚实基础。

②按设计文件配置好工具、器材及备用维护材料。

③组织完善管理机构,制定规章制度,配备办公、生活等设施。

3. 试运行

试运行是指工程初验收后到正式验收、移交之间的设备运行。由建设单位负责组织,供货厂商及设计、施工和维护部门参加,对设备、系统功能等各项技术指标及施工质量进行全面考核。经过试运行,如果发现有质量问题,由相关责任单位负责免费返修。一般试运行期为 3 个月,大型或引进的重点工程项目试运行期可适当延长。

4.竣工验收

竣工验收是通信工程的最后一项任务,当系统试运行完毕并具备验收交付使用条件后,由相关部门组织对工程进行系统验收。竣工验收是全面考核建设成果、检验设计和工程质量是否符合要求、审查投资使用是否合理的重要步骤,是对整个通信系统进行全面检查和指标抽测,对保证工程质量、促进建设项目及时投产、发挥投资效益、总结经验教训有重要作用。

三、通信工程设计的构成

(一)设计项目总述

1.工程勘察、设计单位的质量责任和义务

在《建设工程质量管理条例》中明确规定了工程勘察、设计单位的质量责任和义务:

①勘察、设计单位需要取得资质证书,并在其资质等级许可范围内承揽工程。

②勘察、设计单位需按照工程建设强制性标准进行勘察、设计,并对勘察、设计的质量负责,设计人员应对签名的设计文件负责。

③勘察单位提供的地质、测量、水文等勘察结果必须真实、准确。

④建设工程设计文件应当符合国家规定的设计深度要求,注明工程合理使用年限。

⑤设计单位在设计文件中选用的建筑材料、建筑构配件和设备,应当注明规格、型号、性能等技术指标,其质量要求必须符合国家规定的标准;除有特殊要求的建筑材料、专用设备、工艺生产线等外,设计单位不得指定生产厂、供应商。

⑥设计单位应当就审查合格的施工图设计文件向施工单位作出详细说明。

⑦设计单位应当参与建设工程质量事故分析,并对因设计造成的质量事故提出相应技术处理方案。

2.设计的作用

通信工程设计是以通信网络规划为基础的,它是工程建设的灵魂。通信工程采用的技术是否先进,方案是否最佳,对工程建设是否经济合理起着决定性的作用。

通信工程设计咨询的作用是为建设单位、维护单位把好工程四关;

①网络技术关。

②工程质量关。

③投资经济关。

④设备(线路)维护关。

3.对设计的要求

通信工程设计作为通信工程建设的依据,需要满足建设单位、施工单位、维护单位和管理单位的不同层面要求。

(1)建设单位对设计的要求

建设单位从技术先进、经济合理、安全适用、全程全网的角度进行通信工程项目设计,对设计的要求是:

①勘察准确,设计方案详细、全面。

②应有多种方案比较和选择。

③正确处理好局部与整体、近期与远期、采用新技术与挖潜的关系。

（2）建设单位对设计人员的要求

①熟悉工程建设规范、标准。

②了解设计合同的要求。

③理解建设单位的意图。

④掌握相关专业工程现状。

（3）施工单位对设计的要求

设计作为通信工程施工的指导依据，必须能准确无误地指导施工。施工单位对设计的要求是：

①设计的各种方法、方式在施工中的可实施性。

②图纸设计尺寸规范、准确无误。

③明确原有、本期、今后扩容各阶段工程的关系。

④预算的器材、主要材料不缺不漏。

⑤定额计算准确。

（4）施工单位对设计人员的要求

①熟悉工程建设规范和标准。

②掌握相关专业工程现状。

③认真勘察。

④掌握一定的工程经验。

（5）维护单位对设计的要求

从维护单位的角度，主要考虑安全性、维护便利性、机房安排合理性、布线合理性、维护仪表及工具配套合理性，尽量考虑维护工作自动化，可实现无人值守。维护单位对设计的要求是：

①设计方案应征求维护单位的意见。

②处理好相关专业及原有、本期、扩容工程之间的关系。

（6）维护单位对设计人员的要求

①熟悉各类工程对机房的工艺要求。

②了解相关配套专业的需求。

③具有一定工程及维护经验。

（7）管理部门对设计的要求

从通信工程管理及监理部门的角度，要求要有明确的工程质量验收标准作为工程竣工依据，工程原始资料可供查阅。管理部门对设计的要求是：

①严肃认真。

②设计方案符合相关规范。

③预算准确。

（8）管理部门对设计人员的要求

通信工程设计的优劣与通信工程设计人员的素质密切相关。通信工程设计行业的发展最终要以人为本。通信工程设计所涉及知识面的广度和深度，以及通信工程设计文件的严谨性和重要性，决定了从业人员必须具有较高的基本素质。

①过硬的专业技能。作为一名通信工程设计人员，需要具备通信专业理论知识和概预算方

法。通信系统的复杂性及关联性决定了通信系统设计各专业需相互配合,所以,无论是设备专业设计人员还是线路专业设计人员,都必须了解对方专业的相关理论知识。作为一名设计人员,还要了解勘察、施工、测试和验收等一系列的工作内容和流程。针对不同的通信系统,一名设计人员要熟练掌握各厂家设备的外观尺寸、设备功能、设备技术指标和报价等。

②强烈的责任心。设计工作关系到工程成败和质量好坏,没有好的设计,就不可能做出优质工程,甚至会出现事故,给建设单位和国家造成巨大的损失。所以,设计人员必须具有强烈的责任心,对待设计工作必须做到一丝不苟,要对设计文件中每一句话、每一条线负责。

③吃苦耐劳的精神。通信建设工程的特点是责任大、任务重,设计工作常常需要夜以继日地观察、思考。现场勘测经常需要克服各种各样艰苦的条件,所以具备吃苦耐劳的精神才有可能成为一名优秀的设计师。

④勤学好问,善于观察和总结。通信工程设计是一项实践性、专业性很强的工作,涉及的知识领域很广,一名合格的设计师必须具备渊博的专业知识和丰富的实践经验。只有不断地学习新技术、新知识,才能跟上通信技术的飞速发展。不懂的地方一定要弄懂,要勤学好问。只有学会观察和总结,才能积累丰富的实践经验。将理论和实践紧密结合是设计师成长的必由之路。

⑤具备良好的沟通能力。现代社会随着社会分工的细化,沟通协调已经得到充分的重视。而通信工程项目实施过程更是多部门、多单位共同参与、协作的过程,每一名设计人员都需要直接或间接与客户打交道。设计人员要牢固树立用户至上的观念,不仅要有强烈的服务意识,还要具有良好的交流和沟通能力。通信工程设计人员需要与建设单位、施工单位、设备制造商和运营维护单位的人员进行沟通,协调各方关系和利益。

⑥稳定的心理素质。遇事沉着冷静,处理问题灵活,是一名设计人员应当具备的素质。在通信工程设计过程中,一般会遇到一些急难险重的情况,能否根据施工要求和规范要求灵活处理问题是关系到工程进度和质量的关键。

⑦先进的设计手段和创新精神。作为智力型的人员,应有计划地按照国际通行的模式和市场运作的要求,在外语能力、工程建设经验、项目管理和评估、计算机应用、法律知识、市场开拓、职业道德及国际惯例基本知识等方面加以培训,在实践中锻炼,提高竞争能力,加快融入国际工程市场的进程。

（二）通信网络的构成及设计专业划分

1.通信网络的构成

所谓通信,就是信息传播与交换,狭义的通信网一般是指电信网,广义的通信网还包括完成实物（包含信息）传递与交换的邮政网。在不明确说明的情况下,本书所提到的通信网即指电信网。

（1）电信网的定义

电信网是有电信终端、交换节点和传输链路相互有机地连接起来,以实现在两个或更多的电信端点之间提供连接或非连接传输的通信系统。它从概念上可以分为基础网、业务网和支撑网。

基础网是业务网的承载者,一般由终端设备、传输设备和交换设备等组成。业务网承载各种业务（话音、数据、图像、广播电视等）中的一种或几种,一般由移动网、固定网、数据网等组成,网内各个同类终端之间可以根据需要接通,有时也可固定连接。支撑网是为保证业务网正常运行,增强网络功能,提高全网服务质量而形成的传递控制监测及信令等信号的网络,按功能分为信令网、同步网和通信管理网。

（2）电信网的组成

一个完整的电信网由硬件和软件组成。电信网的硬件即构成电信网的设备及线路，一般由终端设备、传输设备、交换设备以及相关的通信线路组成。仅有硬件设备还不能很好地完成信息的传递和交换，还需要软件系统及一整套网络技术，才能使由设备组成的静态网变成一个运转良好的动态体系。

（3）电信网的结构

从水平观点看，电信网可划分为用户驻地网、接入网、城域网、核心网等，如图1-1-4所示。

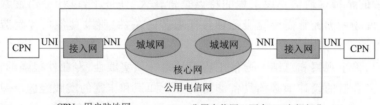

CPN：用户驻地网	公用电信网：两个UNI之间部分
UNI：用户网络接口	接入网：分为馈线段、配线段和引入段
NNI：网络节点接口	核心网：分为省际干线、省内干线和城域网

图1-1-4　电信网的结构（从水平观点看）

从垂直观点看，电信网网络可分为支撑网、传送网、业务网和应用层，如图1-1-5所示。

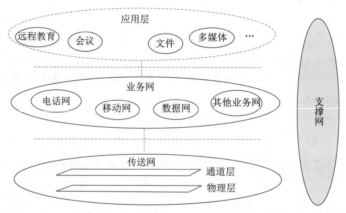

图1-1-5　电信网的结构（从垂直观点看）

（4）电信网的分类

电信通信就是利用电信系统来进行信息的传递。电信系统则是各种协调工作的电信装备集合的整体。最简单的电信系统是只在两个用户间建立的专线系统，而较复杂的系统则是有多级交换的电信网提供信息，完成一次呼叫所需的全部设施构成的系统。整个电信网是一个复杂体系。表征电信网的特点很多，目前可以从下面几方面的特征来区分电信网的种类。

①按业务性质，可分为固定电话网、移动网、数据通信网、图像通信网、多媒体通信网、电视传输网等。

②按主要传输介质，可分为电缆通信网、光缆通信网、卫星通信网、无线通信网等。

2.通信工程设计专业划分

（1）动力（通信电源）设计专业

该专业主要承担通信电源系统工程的规划、勘察、设计工作，并提供相应的技术咨询服务。

范围包括通信局(站)的高、低压供电系统、柴油发电机交流电源系统、交流不间断供电(UPS)系统、直流供电系统、动力及环境监控系统、雷电防护及接地系统等。

（2）交换通信设计专业

该专业主要承担核心网及相关支撑网络和计算机系统的工程规划、设计、优化和技术咨询业务。范围包括长途、市话、移动电话网、NGN以及关口局工程、七号信令网、智能网、网管和计费系统、短消息中心等。

（3）传输通信设计专业

该专业主要从事传输设备安装工程及管道、线路的规划、设计和技术咨询工作,提供从接入层网络到核心层网络,从前期技术咨询、规划,到中期方案设计、施工图设计,最后到现有传输网络分析和优化一整套的解决方案。承担SDH、DWDM传输系统、智能光网的方案和工程设计。

（4）数据通信设计专业

该专业主要承担各基础数据通信网、宽带IP网络,运营支撑系统等项目的方案设计、工程设计、系统咨询、网络优化等业务,为客户提供全面的解决方案。主要包括分组交换、EPON、GPON、DDN、IP宽带城域网、ATM宽带数据网、ADSL宽带接入网、移动互联网、电信计费账务系统、电信资源管理系统、客户服务系统等。

（5）无线通信设计专业

该专业业务范围涵盖全方位的无线网络咨询规划设计,承担GSM、CDMA、3G/4G/5G移动通信、大灵通、室分系统、无线局域网、无线接入网、集群通信、微波通信等系统的网络规划、工程设计和网络优化服务及相关的技术咨询服务。

（6）线路及管道工程设计专业

该专业业务范围涵盖架空、直埋、管道线路、综合布线等工程的咨询规划设计,承担管带及通信线路等物理网络的规划、工程设计和网络优化服务及相关的技术咨询服务。

（7）小区接入设计专业

随着宽带用户的迅速增加以及"光进铜退"进程的加快,小区接入业务不断增加,小区接入逐渐成为相对独立的设计专业。该专业业务范围涵盖全方位的小区接入网络咨询规划设计,承担FTTX、XDSL、电力线上网、HFC等系统的网络规划、工程设计和网络优化服务及相关的技术咨询服务。

（8）无线室内分布系统接入设计专业

随着移动网络的建设,室内的无线环境亟待改善,无线市内分布设计项目不断增加,无线市内分布设计逐渐成为相对独立的设计专业。该专业业务范围涵盖2G、3G、4G、5G、WLAN等室内分布系统的咨询规划设计,承担住宅、企业、办公大楼等室内覆盖的规划、工程设计和网络优化服务及相关的技术咨询服务。

（9）网络规划与研究专业

该专业立足于信息通信业,为各级政府、行业管理机构、通信运营商、设备制造商及信息通信相关企业等提供综合咨询服务。研究队伍涵盖管理、经济、财务、无线、传输、交换、数据、情报等各专业,为客户提供高价值的综合解决方案。服务范围涉及通信产业发展规划、通信行业研究、通信运营企业综合规划及管理咨询、电信业务市场研究、电信网络与资源规划、通信新技术新业务的应用与评估、通信工程的项目建议书、招投标、可行性研究、工程设计和项目后评估等。

（10）建设设计专业

该专业主要承担各行业综合类建筑设计,包括综合大楼、通信机房、通信铁塔、通信辅助设施及各种民用建筑等设计;该专业设有建筑、结构、给排水、电气、照明、暖通空调、自动消防、综合布线、概预算(土建工程有专业概预算人员)等细化专业。

（三）施工指导、设计变更、设计回访

1.施工指导

设计人员应负责解决建设全过程中遇到的设计质量问题,必须到现场才能解决的设计问题,设计人员应到现场落实解决。

2.设计变更

由于各种原因造成施工图设计修改后,修改者应向有关部门出具变更记录。

3.设计回访

设计回访是设计全过程的延续和扩展,在项目施工和运行过程中进行设计回访,可以总结设计经验,同时可以解决工程施工中出现的实际问题。

※思考与练习

一、填空题

1.建设项目按投资用可划分为(　　　　)和(　　　　)。

2.非生产性建设是用于满足人民物质生活和文化生活需要的建设,包括(　　　　)、(　　　　)、(　　　　)、(　　　　)和(　　　　)。

3.要有效地控制(　　　　),应从组织、技术、合同与信息管理等多方面采取措施。

4.工程造价是指建设一项工程预期开支或实际开支的全部(　　　　)投资费用。

5.分部、分项工程是编制施工预算和统计实物工程的(　　　　),也是计算施工产值和投资完成额的(　　　　)。

二、判断题

1.(　　)建设项目的组织是多次性的,随项目开始而产生,随项目的结束而消亡。

2.(　　)试运行是指工程初验收后到正式验收、移交之后的设备运行。

3.(　　)验收投产阶段的主要内容不包括初步验收、生产准备、试运行和竣工验收等几个方面。

4.(　　)初步设计作为工程项目技术上的总体规划,是进行施工准备、确定投资额的主要依据。

5.(　　)单审,即由建设单位、设计部门、施工企业等主管概预算工作的部门共同进行审查。

三、简答题

1.简述建设项目的概念。

2.简述工程造价的五个方面。

3.通信建设程序的实施阶段有哪些?

4.施工图设计文件审查的重点有哪些?

5.概预算编制的要求有哪些?

任务二　熟悉通信工程设计勘察过程

任务描述

做好前期查勘准备工作,明确查勘任务,如线路、地形查勘等,根据移动 4G/5G 网络通信工程的建设要求进行管道、架空杆路、基站等内容的查勘,并进行施工图测量,根据所掌握测量知识及测量工具的使用对建设区域进行测量。

任务目标

- 归纳测量的概念和流程,了解测量方法以及测量工具的使用。
- 了解测量方法及测量工具的使用。
- 完成 AutoCAD 2014 的下载安装,了解 AutoCAD 2014 基础操作知识。

任务实施

一、通信工程勘察

(一)通信工程查勘

1.查勘前准备工作

工程勘察的目的是为设计和施工提供可靠的依据,包括工程可行性研究报告查勘、工程方案查勘、初步设计查勘和施工图测量等内容;在进行查勘前,要研究设计任务书或可行性报告的内容与要求,了解工程概况和要求,明确工程任务和范围,如工程性质、规模大小、建设理由、近远期规划等。

①收集与工程有关的文件、图纸和资料。一项工程的资料收集工作将贯穿勘察设计的全过程,主要资料应在查勘前和查勘中收集齐全。为避免和其他部门发生冲突,或造成不必要的损失,应提前向相关单位和部门调查了解、收集相关其他建设方面的资料,并争取他们的支持和配合。相关部门为计委、建委、电信、铁路、交通、电力、水利、农田、气象、燃化、冶金工业、地质、广播电台、军事等部门。对改扩建工程,还应收集原有工程资料。

②制订查勘计划。根据设计任务书和收集的资料,对工程概貌勾出一个粗略的方案,作为制订查勘计划的依据,在 1∶50 000 地形图上初步标出拟定的通信路由方案,初步拟定无人站址的设置地点,并测量标出相关位置。

③人员组织。查勘小组应由设计、建设维护、施工等单位组成,人员多少视工程规模大小而定。

④准备查勘工具。可根据不同查勘任务准备不同的工具,一般通用工具有望远镜、测距仪、地阻测试仪、罗盘仪、皮尺、绳尺(地链)、标杆、随带式图板、工具袋等,以及查勘时所需要的表格、纸张、文具等。

2.明确查勘任务

①选定线路与沿线城镇、公路、铁路、河流、水库、桥梁等地形地物的相对位置,选定进入城区内所占用街道的位置,选定在特殊地段的线路敷设具体位置。

②配合通信、电力土建专业人员,根据设计任务书的要求选定站址,并商定有关站的总平面布置,以及线缆的进线方式和走向位置。

③拟定有人段内各项系统的配置方案,拟定无人站的具体位置、建筑结构和施工工艺要求,确定中继设备的供电方式和业务联络方式。

④根据地形自然条件,首先拟定线路的敷设方式,然后确定各地段所使用的线缆规格和型号。

⑤拟定线路上需要防雷、防蚀、防强电、防洪、防鼠及防机械损伤的地段和防护措施。

⑥拟定维护段、巡房、水线房的位置,提出维护工具、仪表及交通工具的配置,结合监控报警系统,提出维护工作的安排意见。

⑦对于穿越铁路、公路、重要河道、大堤、路肩及进入市区等处的线路,应协同建设单位与有关主管单位协商线路需要穿越的地点保护措施及进局路由。

3.硅芯管管道工程查勘

(1)总体要求

①勘察前,先由设计负责人对全程路由分段进行熟悉,确定大致路由和测量分界点,随后按人员安排表分组测量。

②对选定的路由进行详细测量,对障碍需要提出具体的处理办法,并在现场使用仪器在指定点打桩做标记。标桩和油漆记号在现场标志必须醒目易找,符号正确,距离准确。

③查勘定标确定的路由位置必须和现场有关各种地下管线在平面上和立面上相互间不受任何影响,力求达到各自行业规范的技术标准。对路由上的主要障碍,如是否过大桥、大河、涵洞、铁路等进行合理的处理,并就处理这些障碍的赔补等问题征求当地建设方的意见。

④对在管道中心线两侧,各边6~12 m周边的地面上下一切设施状况进行测量,如地面树木、广告牌、消防栓、信号箱、车站、路程桩、花台等,以及燃气井盖、自来水盖、下水道盖,化粪池盖、其他通信井盖等,都要分别作距离、大小尺寸测量,绘制管道平面图。对地下部分要测量埋深、地下管线规格程式数量、横穿各类管道上下情况及相互距离,了解水源流向、污染程度。询问或测量当地标高,根据土石情况、水位情况,测绘管道纵断面图。

⑤查勘时,应认真统计管道占用绿化带面积,砍伐移栽树木,估计各段土石比例,开挖各种路面数据,摆摊设点迁移方案,迁改其他管网地点、数量及措施等。

⑥尽量不要在已建管道中开孔。

⑦查勘完成后,向建设方汇报,形成查勘纪要报设计院存档。

(2)管道查勘前的准备

勘察前,应搜集好管道路由上的高程图及道路综合管网图,也就是道路平面带状图、纵剖图和横断图。

地下各种管线的断面、埋深及外护层材料结构都有各自的规范,相互之间差异很大。通信管道设计时,除了到规划、市政部门调查、核实有关情况之外,还应向政府相关部门和沿途相关厂矿单位调查了解有关情况,作为确定管道建筑位置、保护措施和工程费用的重要依据。

需要调查的情况包括城市建设近远期总体规划、道路、桥梁、涵洞扩建改造计划,地下管网市话的建设和履行计划,电厂电站和化工厂有关情况,地下水位和冰冻层深度,政府赔补费用标准,以及其他有关方面的情况。

（3）打桩要求

①直线段,每 200～300 m 打桩。

②一些比较大的障碍(过河流、塘)需要增设障碍桩。

③人手孔处、转角处需要三点定位。拐弯处需要测量转向角,转角一般不大于 30°,当大于 30°时,应该考虑增设人手孔。

（4）障碍处理

①对于过桥、河、沟、塘等主要障碍,应采用截留挖沟、微控定向钻等与其他方式相结合的处理办法,过村庄采用铺砖。

②障碍小于 50 m 的情况下,一般不考虑在障碍两端增设人手孔,也不改换管材,采用事先敷设 120/136PE 管的方式通过,以减少工程造价,缩短工期。对于较大障碍,可以考虑两端增设人手孔。

③查勘完成后,可采用表格形式,将查勘到的障碍及处理方式标注清楚,表格格式可参照表 1-2-1。

表 1-2-1　障碍处理记录表

序号	障碍名称	处理方式	备　注
1	落差地形	上下护坎	微型障碍
2	斜坡地形	护坡	小型
3	土路、小型公路、可开挖路面	××路面破复	微型
4	干线公路,高速、铁路	微控定向钻	大型
5	水沟、渠,小型水塘 20 m	截流挖沟	小型
6	县城	铺砖,破路	小型
7	通航河道,大型水塘 40 m	微控定向钻	大型
8	其他	直埋查勘方式处理	

（5）勘察纪要

在对通信管道工程勘察完以后,要写出详细的勘察纪要,内容包括勘察单位、勘察时间、勘察人员、被勘察工程所处设计阶段、工程建设规模及其他相关事宜的说明等。

4.管道线路查勘

（1）硅芯管管道线路查勘要求

①定位、测量每个标石长度,同时记录每个人手孔至相邻标石的段长。

②在草图上具体区分人手孔是人孔还是手孔,同时要求尽量能够区分人手孔尺寸。

③目前硅芯管内穿放光缆的具体情况,光缆接头的人手孔内的接头布放情况,包括布放几个接头及在人手孔哪一侧,预留光缆的盘放情况。

④记录线路需要过特殊障碍点的人手孔位置。

⑤打开每个人手孔,记录硅芯管的子管的颜色,并且了解哪种颜色管为本期使用。

⑥记录积水情况,确定本工程是否需要抽水。

（2）城区管道查勘要求

①记录管道路由及人手孔间段长、人手孔位置。

②打开每个人手孔,记录管孔断面图、管孔占位图。如管道两侧人手孔断面不一致,要求绘出。

③弄清本期线路敷设哪个管孔。

④对合建管道,应着重注意管位情况,一定要弄清建设方管孔情况。

⑤弄清本期管道是否新放子管,如果新放,则确定放在哪个管孔内;如果不新放,则标注本期工程需要放的子管。

⑥记录积水情况,确定本工程是否需要抽水。

⑦记录人手孔内已有的线路接头情况,以及线路预留盘放情况。

5. 架空杆路查勘

(1) 查勘内容

与建设单位核定总体建设方案后,确定查勘内容,包括:

①通信网络结构。

②建设段落、连接站址数。

③基本杆高。

④线路容量的选择。

⑤支线线路连接方案。

⑥主要障碍的处理方式。

⑦明确基本杆距、拉线程式的选择原则,拉线上把中把固定方式等。

(2) 查勘要求

①总体要求:

● 根据已确定的建设方案,会同建设方、公路、规划、城建等部门拟定杆路路由,了解沿线地形、地貌、建设设施等情况。

● 平坦及直线断落可用测距仪测量长度,拐角处钉桩,段落内部存在主要障碍时,如过河流、水塘、公路等,则需要增设障碍桩,并需要测量障碍离桩的位置及障碍宽度,以方便以后排列杆子时能避开障碍。

● 拐弯较多及地形复杂段落采用拖地链方式测量。

● 在拟定的路由上,如遇到穿越公路、铁路、涵洞时,要求绘出涵洞立面图,标明线路的安装位置。

● 测出线路跨越河流、公路等处跨距,根据跨距、公路路面高度、河流最高水位等确定特殊杆位的杆高,并在勘察草图中注明跨越档、飞线段落正辅吊线程式、拉线设置规格与位置。

● 对杆路沿线与电力线或其他通信线等发生交越时,应提出本线路与电力线等交越的保护方案。

②钉杆要求:

● 直线段,每 200~300 m 定桩。

● 一些比较大的障碍,如过河流、塘,需要增设障碍桩。

● 终端杆、转角杆处需要三点定位,拐弯处需要测量转向角,转角小于 45°时,新设单股拉线,大于 45°时应分设顶头拉线。

③记录要求:勘察过程中要求记录路由方向、拐弯角度、道路路名、离路距离、周围建筑环境,以及地理地貌、其他运营商线路、电缆线、河流桥梁名称、地名、道路坡度等。此外,对于沿线

遇到的主要障碍,如辅助吊线过河、钢管过桥、顶管过路、过铁路、高速公路、涵洞等,要绘出相应的平面图和侧面图,必要时应与建设方沟通,确定保护方式。

6.基站查勘

(1)准备查勘工具

在对基站机房进行查勘时,需要准备以下查勘工具:

①站表,用来提供基站名称、地址等基本信息。

②GPS,用来读取基站经纬度。

③指北针,用来提供机房、铁塔的方位。

④卷尺,用来测量机房尺寸、铁塔位置等。

⑤照相机,用来记录局部难点与周围环境。

⑥地图,用来方便尽快找到基站。

(2)基站机房内查勘要点

①机房应具备适当的面积,便于扩容和引入3G系统。

②机房净高应保证至少比最高设备高度高出20 cm,否则难以走线。

③有线缆相连的设备间要保证有走线架连通。

④信号线与电力线之间尽可能减少交叉,尽可能避免馈线在室内拐大角度弯。

⑤要预留设备维护人员走动的空间。

⑥新开馈孔时,应注意室外情况,避开梁、柱。

⑦若在机房中有下水管,要做隔板封起来,避免漏水。

⑧自建隔板上不能使用壁挂设备。

⑨要注意空调外机的安装位置,以免发生建设纠纷。

(3)基站电源查勘要点

①基站交流电可通过铠装电缆,采用地埋或架空方式引入机房,交流引入容量一般为15~20 kW。

②基站机房内应设置交流配电屏或交流配电箱,内置浪涌保护器(SPD),负责基站内的所有负荷,包括开关电源、空调、照明、墙壁插座等的电源分配。

③交流配电屏或交流配电箱的容量应根据引电方式和基站位置确定,多用400 A或630 A的进线容量。

④市电供应可设置稳压器或采用专用变压器。

⑤基站机房的直流供电系统可按图1-2-1所示进行配置。

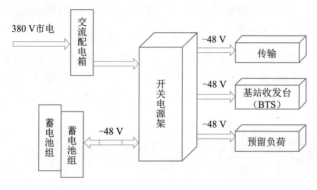

图1-2-1　基站机房直流供电系统组成

⑥基站开关电源应是综合的小容量电源,具有电源 LVD（Low Voltage Directive,低电压指令）功能,当一次下电时,应脱离非重要设备,如 BTS（Base Transceiver Station,基站收发台）等;二次下电时,应脱离重要设备,如蓄电池组、传输设备等。

⑦开关电源整流模块数量按 $N+1$ 冗余方式配置。

（4）基站防雷接地系统查勘要点

①对于接地引入方式的,室外天馈部分可根据安装位置选用自建地网、楼顶避雷带或利用已有地网方式,机房室内接地根据具体情况可选用自建地网,利用大楼主钢筋或大楼内总地排方式。

②自建地网时,要求当基站所在地区土壤电阻率低于 $700\ \Omega\cdot m$ 时,基站地网的工频节点电阻值宜控制在 $10\ \Omega$ 以内;当基站所在地区土壤电阻率高于 $700\ \Omega\cdot m$ 时,可不对基站工频接地电阻予以限制,此时地网的等效半径应大于 $20\ m$,并在地网四周敷设 $20\sim30\ m$ 的水平接地体。在做接地体时,注意应调查清楚地下相关管线结构情况。

③自建落地塔地网时,应设置为封闭环形带,且利用塔基地桩内两根以上主钢筋作为其垂直接地体。若安装为楼顶塔,应与楼顶避雷带就近不少于两处焊接连通,一定要保证连接点的数量和分散性,以利于分散引流雷。

④利用铁塔安装天馈线时,应在铁塔顶部平台处、馈线离开塔身至天桥转弯处上方 $0.5\sim1\ m$ 范围内、进入机房入口处外侧采用三点接地方式,当单根馈线长度超过 $60\ m$ 时,还应在中间增加一处接地点,如图 1-2-2 所示的 A、B、C、D 四点。

⑤馈线进入机房后,与基站收发信机连接前应安装馈线避雷器,以防天馈线引入的感应雷,避雷器接地端子应与室外的接地排（EGB）相连,如图 1-2-3 所示。

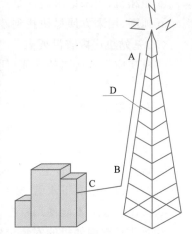

图 1-2-2　天馈线的防雷接地

（a）馈线避雷器

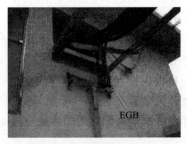

（b）室外的接地排（EGB）

图 1-2-3　馈线进入机房前的防雷接地

⑥基站机房内采用汇流排进行防雷接地。汇流排由铜排组成,安装在设备上方走线架的一侧,室内设备与接地汇流排用 $35\ mm^2$ 线直接连接,主走线架应每隔 $4\ m$ 接一次地。

⑦通常自建地网在室内有两个出土点,通过铜铁转换排与 $95\ mm$ 电源线将汇流排与出土的接地扁钢连接起来。

（二）施工图的测量

1.测量准备

（1）人员准备

测量人员一般分为 5 个大组,即大旗组、测距组、测绘组、测防组及对外调查联系组。应根据测量规模和难度,配备相应人员,定制日程进度。

(2)资料及工具准备

为了保证测量工作能够顺利开展,测量之前要准备好相关资料并配备好工具,具体准备内容如下:

①基础资料的准备,包括初步设计文件、沿线各地地图、本期通信线路网络路由示意图、电话簿、通信线路安装设计规范。

②测量工具及辅助工具,常用工具包括红白大旗及附件、标桩、经纬仪、标尺、绳尺、水准仪、测距仪、地链、指南针、望远镜、皮尺、砍刀、榔头、手锯、红黑漆等。

③记录工具,包括记录板、卷纸或 A4 纸,铅笔、橡皮、黑笔、红笔。

④通信工具,如对讲机、手机。

此外,由于通信线路的测量工作多在户外进行,因此,在测量时还要做好必要的安全保护措施,如带好帽子、手套、解放鞋、外伤药物、口罩、雨伞等。

2. 测量分工

每组都有自己明确的工作任务和工作要求。

(1)大旗组

①工作任务:

• 负责通信线路敷设的具体位置。

• 大旗插定后,在 1∶50 000 的地形图上进行标注。

• 发现新修公路、高压输电线、水利及其他重要建筑设施时,应在 1∶50 000 地形图上补充绘入。

②工作内容:

• 与初步设计路由偏离不大,不影响协议文件规定,允许适当调整路由,使其更为合理和便于施工维护。

• 发现路由不妥时,应返工重测,个别特殊地段可测量两个方案,作为技术经济比较。

• 注意穿越河流、铁路、输电线等的交越位置,注意与电力杆的隔距要求。

• 与军事目标及重要建筑设施的隔距应符合初步设计要求。

• 大旗位置选择在路由转弯点或高坡点,直线段较长时,中间增补 1~2 面大旗。

(2)测距组

①工作任务:

• 负责路由长度的准确性,配合大旗组用花杆定线定位、量距离、钉标桩,登记累积距离,登记工程量和对障碍的处理方法,确定 S 弯预留量。

• 负责路由测量长度的准确性。

②工作内容:

采取措施保证丈量长度的准确性,要求:

• 至少每三天,用钢尺核对测绳长度一次。

• 遇上、下坡,沟坎和需要 S 形上、下的地段,测绳要随地形与线缆的布放形态一致。

• 先由拉后链的技工将每测档距离写在标桩上。负责登记、钉标桩、测绘组的工作人员到达每一标桩点时,都要进行检查,对有怀疑的可进行复量,并在工作过程中相互核对,发现差错随时更正。

• 登记和障碍处理的工作内容。

● 编写标桩编号。以累计距离作为标桩编号,一般只写百以下三位数。例如,起点桩号 K200.500,终点桩号 K350.800(K200.500～K350.800)意为:公路 200 千米处再过 500 米为开始处,直到 350 千米再过 800 米处的这段路(K 为千米)。

● 登记过河、沟渠、沟坎的高度、深度、长度,穿越铁路、公路的保护民房,靠近坟墓、树木、房屋、电杆等的距离,各项防护加固措施和工程量。

● 确定 S 弯预留和预留量。

● 钉标桩。

● 登记各测档内的土质、距离。

● 在线路的终点、转弯点、水线起止点以及直线段每 100 m 处钉一个标桩。

(3)测绘组

①工作任务:主要负责现场测绘图纸,保证图纸的完整性与准确性,经整理后作为施工图纸。

②工作内容:

● 丈量通信线路与孤立大树、电杆、房屋、坟墓等的距离。

● 测定山坡路由中坡度大于 20° 的地段。

● 在路由转弯点、穿越河流、铁路、公路处以及直线每隔 1 km 左右的地方进行三角定标。

● 测绘通信线路穿越铁路、公路干线、堤坝的平面断面图。

● 绘制线路引入无人再生中继站的布缆路由及安装图。

● 测绘市区新建管道的平面、断面图,原有管道路由及主要人孔展开图。

(4)测防组

①工作任务:配合测距组、测绘组提出防雷、防蚀的意见,了解接地装置设置处的土壤电阻率的有关情况,并对其进行测量。

②工作内容:

● 抽测土壤 pH。

● 测试土壤电阻率。

(5)对外调查联系组

①工作任务:进行详细的调查工作,以解决初步设计中所留的问题。

②工作内容:

● 签订协议。

● 请当地领导去现场。

● 洽谈赔偿问题。

● 了解并联系施工时住宿、工具机械和材料囤放及沿途可能提供劳力的情况。

(三)工程测量方法

1.直线定线

在距离测量时,得到的结果必须是直线距离,一般测量的距离都比整尺要长,当测量的距离超过一个整尺段时,一次不能量完,需要在直线方向上标定一些点,这项工作称为直线定线。直线定线的方法有目测定线和经纬仪定线。

(1)目测定线

目测定线是通信工程勘察测量中常用的一种定线方法,当对定线精度要求不高时,可以采用此方法。定线方法如图 1-2-4 所示。设 A、B 两点互相通视，要在 A、B 两点的直线上标出分段点 1、2 点。先在 A、B 两点竖立标杆，甲站在 A 点标杆后约 1 m 处，同侧观测 A、B 杆，构成视线，指挥乙在分段点 2 点左右移动标杆，直到甲从 A 点沿标杆的同一侧看到 A、2、B 三只标杆成一条线为止。两点间定线一般由远到近，即先定 2 点，再定 1 点。

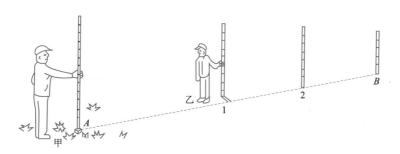

图 1-2-4　目测定线

（2）经纬仪定线

经纬仪定线主要用于精密量具，如图 1-2-5 所示。设 A、B 两点互相通视，将经纬仪放置在 A 点，用望远镜纵丝瞄准 B 点，制动照准部，上下转到望远镜，指挥在两点间某一点上助手，左右移动测杆，直到测杆与望远镜纵丝重合。

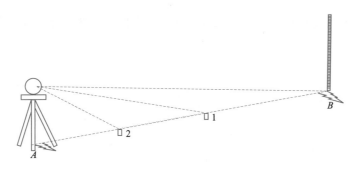

图 1-2-5　经纬仪定线

2. 钢尺量距

（1）所用工具

钢尺量距是通信工程测量中对距离测量的一种最基本的方法，所用的工具有钢卷尺和皮尺，分别如图 1-2-6 和图 1-2-7 所示，此外还会用到测钎、花杆、垂球等辅助工具，如图 1-2-8 所示。

图 1-2-6　钢卷尺

图 1-2-7　皮尺

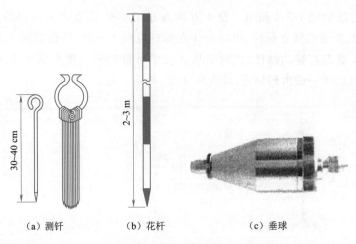

（a）测钎　　　　　　（b）花杆　　　　　　（c）垂球

图 1-2-8　钢尺量距辅助工具

（2）量距方法

①平坦地面测距。当被测地面较为平坦时，可沿地面从起点开始以整尺长度逐段丈量，最后加上不足整尺段的余长，具体方法如图 1-2-9 所示。前尺员在前尺定点，后尺员从 A 点起记录所测量段数，并读取末段尺子的读数，最后可用下式计算出 A、B 两点间水平距离。

$$D = n \times l + q$$

式中，D 为 A、B 两点直线的总长度；n 为尺段数；l 为尺子长度；q 为不足一尺的余数。

图 1-2-9　平坦地面测距

②倾斜地面测距。沿倾斜地面丈量距离，当地面坡度变化不大时，可将钢尺拉平丈量，如图 1-2-10 所示，丈量时由 A 向 B 进行，甲立于 A 点，指挥乙将尺拉在 AB 方向线上。甲将尺的零端对准 A 点，乙将尺子抬高，并且目估使尺子水平，然后用垂球尖将尺段的末端投于地面上，再插以测杆。若地面倾斜较大，将钢尺抬平又困难时，可将一尺段分成几段来平量。

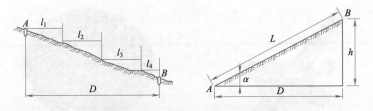

图 1-2-10　倾斜地面测距（图中 $l_1 \sim l_4$ 分别为每一段的水平距离）

3. 角度测量

设角杆 A 在左右两边相邻电杆方向距离为 50 m 处得到两点 E、F，连接 E、F 两点得到中点 G，则 A、G 两点间的距离就是角杆的角深。角深是用来表示线路转弯时转角的大小和程度，内角越大，角深越小；内角越小，角深越大。

在实际角深的测量中，常用一种简单的测量方法，即从 A 点出发，在 AE 和 AC 上选择两点，使两点的连线与 EF 平行，两点分别为 B、C，然后连接 B、C 两点，在 B、C 两点连线上取中点 D，测出 AD 距离，再根据相似三角形各边成比例的关系，得到 $AD/AG = AB/AE = 5/50 = 1/10$，所以角深 $AG = 10AD$，如图 1-2-11 所示。

4. 拉线定位

（1）名词解释

①拉距：指自拉线入土点至电杆中心线之间的水平距离，用 L 表示，单位是 m。

②拉高：指自拉线在电杆上部的固定点至拉线入土点与电杆中心线水平线之间的垂直高度，用 H 表示，单位是 m。

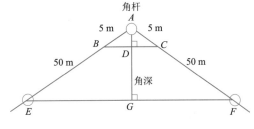

图 1-2-11　角杆的角深

③距高比：指拉距与拉高的比值，即距高比 = 拉距/拉高，如图 1-2-12 所示。拉线的距高比一般取作 1，若地形限制，可适当伸缩，但不得小于 0.75。

（2）终端杆拉线方位测量

在终端杆 A 背线路方向一侧用标杆测定 C 点，使得 C 点在原线路方向的反向延长线上，则 AC 方向为终端杆 A 的拉线方向，再在 AC 方向上根据拉线距高比，确定 D 点为拉线的入土点，如图 1-2-13 所示。

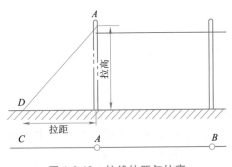

图 1-2-12　拉线拉距与拉高

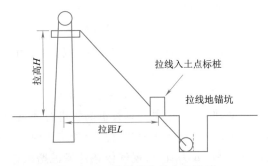

图 1-2-13　终端杆拉线方位测量

（3）角杆拉线方位测量

角杆承受较大的内角平分线方向的不平衡张力，为抵消这一不平衡张力，防止电杆倾倒，必须在角杆内角平分线的反侧延长线上加设拉线，使之稳固竖立。确定角杆拉线方位的方法是在角杆 O 两侧直线路由上分别取点 B、C，使得 $OB = OC$，然后按测量角深的方法确定角深 OD，在 OD 的反向延长线上得到 A 点，则 OA 方向即为角杆 O 的拉线方向，再根据拉线距高比，在 AD 方向上确定 E 点为拉线的入土点，如图 1-2-14 所示。

（4）双方拉线方位测量

双方拉线也称抗风拉线，它装设在线路电杆的两侧，与线路方向垂直。正常气候下，双方拉

线并不发挥作用,只有当大风从线路侧面吹过来,对杆线产生风压,其迎风一侧的拉线才发挥抗风作用。具体测量方法如下:

在电杆 A 的两侧线路上取点 E、F,使 $AE = AF = 3$ m,使用皮尺将 0 m 端和 10 m 端分别固定在 E、F 点。用手抓住皮尺 5 m 端朝线路两侧拉紧,分别测得 B、C 两点,则 AB、AC 是电杆 A 的双方拉线方位,然后根据距高比在 AB、AC 方位上取 G、H 点为拉线的入土点,如图 1-2-15 所示。

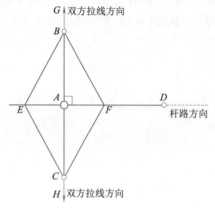

图 1-2-14　角杆拉线方位测量

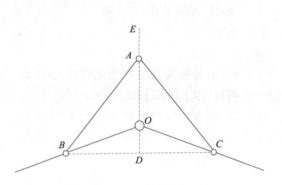

图 1-2-15　双方拉线方位测量

(5)三方拉线方位测定

由于线路跨越河流等地段,杆路较长或因电杆竖立位置土质松软,电杆承受张力较大,为了使电杆稳固竖立,须对电杆进行三方拉线的装设。三方拉线方位互成120°,其中一根与长杆距反向,另两根和线路方位成60°。

5.高程测量

(1)测量方法

在通信工程建设中进行高程测量主要用水准测量方法,水准测量是高程测量中精度最高、应用最广的一种测量方法,其原理是利用水准仪提供的"水平视线",测量两点间高差,从而由已知点高程推算出未知点高程。

(2)管道高程测量要求及注意事项

在新建管道时,需要对管道高程进行测量,测量时,应先在管道沿线上每隔 400 ~ 500 m 处测出一临时水准点,作为核对高程和施工时底沟抄平之用,以保证施工质量。在测量中,测点一般以 60 ~ 80 m 为宜,可视气候条件考虑增减。

①管道高程测量通常应测绘如下几点:

• 人手孔中心及距离人手孔中各 5 m 处。

• 自人手孔中心起每隔 20 ~ 30 m 的各点。

• 坡度转换及高程突然变化各点。

• 与其他大型障碍物的交越点。

②高程测量时,各测点的距离可用皮尺量得,并钉设标桩,测量时应注意以下事项:

• 每个水准点选定后要核对两次,以免发生差错而大量返工。

• 选定的临时水准点应位于管道的同侧或易于寻找的地方。

• 水准仪应安放在安全并易于观察的地方。水准仪支好后,观察者不应离开仪器。

- 观察时,切勿用手扶仪器或三脚架。
- 不得将未放入箱内的仪器扛在肩上,移动仪器时,仪器与人体的角度不应大于30°。

6. 角度测量

在通信工程勘察中,有时还需要确定新建局站的具体位置、无线基站扇区的方位角、架挂天线的俯仰角,以及线路、人手孔拐角的位置等,这就需要通过角度测量来获得所需数据。角度测量分为水平角度测量与竖直角测量。水平角是指在地面上一点至两目标方向线在水平面上投影的夹角,取值范围为0°~360°,水平角测量用于确定测点的平面位置。竖直角是指在同一竖直面内,测量站点对某一目标方向的观测视线与水平线所夹角度,取值范围为0°~90°,竖直角测量用于测定高差或将倾斜距离转为成水平距离。目标方向线在水平线以上时,竖直角称为仰角,以正值表示;在水平线以下时,竖直角称为俯角,以负值表示。

(四)常用测量工具

1. 测距轮

测距轮又称手推式测距仪,分为机械测距轮和电子测距轮两种,它能准确地测量出地面两点之间直线或弧线的距离长度。由于该测距仪具有量程大、测量速度快小巧轻便、操作简单、便于携带、效率高、对测量环境要求不高等优点,适用于在山坡、草地、崎岖不平路面等各种地面条件下测量,在通信工程勘查中,尤其是户外距离勘测中被广泛适用。

使用测距轮测距,只需要单人操作,测量时,首先按一下测距轮旁边的计数器复位按钮,使其清零,然后握住测距轮手柄,推动测距轮沿测量路线行走,测距轮的圆周长为1 m,测距轮每走过一圈,计数器自动转动一数字,显示屏内置发光装置,以易于晚间使用。

2. GPS 定位仪测距

GPS 全球定位系统是具有在海、陆、空进行全方位实时三维导航与定位能力的新一代卫星导航与定位系统。GPS 主要由空间卫星星座、地面监控站及用户设备 3 部分构成。空间卫星星座由 21 颗工作卫星和 3 颗在轨备用卫星组成,GPS 地面监控站主要由分布在全球的一个主控站、3 个注入站和 5 个监测站组成,用户设备由 GPS 接收机、数据处理软件及其终端设备等组成。GPS 的基本定位原理是卫星不间断地发送自身的星历参数和时间信息。它具有全天候、高精度、自动化、高效益、功能多、应用广等显著特点,在通信工程线路及局站点的勘察中被广泛适用。

手持式 GPS 定位仪在通信局站点的规划勘察中用作测量所在点的经纬度和海拔,计算当前点到导航点的方位角、距离和所走的路程等参数。在通信线路勘察中,可以用来记录存储线路起点、拐点、主要障碍点及终点的经纬度,然后利用软件生成航线图,并由航线图推导出线路起点—拐点—障碍点—终点之间各段距离,从而得知全程路由总长度。

3. 激光测距仪

(1)工作原理

激光测距仪是利用激光对目标距离进行准确测定的仪器,其工作原理是在工作时向目标射出一束很细的激光,由光电元件接收目标反射的激光束,计时器测定激光束从发射到接收的时间计算出从观测者到目标的距离。

如果光以速度 c 在空气中传播,在 A、B 两点间往返一次所需时间为 t,则 A、B 两点间距离 D 可以表示为

$$D = ct/2$$

式中,D 为测站点 A、B 两点间距离;c 为光在大气中传播的速度;t 为光往返 A、B 一次所需的时间。

（2）特点及应用

激光测距仪具有质量小、体积小、操作简单、速度快、误差小的特点,因而被广泛应用于地质、电力、水利、建筑、航海、铁路等领域的长度、高度及两点间距的测量。在通信工程勘察中,主要利用测距仪进行天线安装位置高度的测量、周围建筑物到局站之间距离的测量,以及线路勘察中杆距或人孔间距的测量等。

（3）注意事项

使用时不要用眼对准发射口直视,也不要用瞄准望远镜光滑反射面,以免伤害人的眼睛。不要用手擦拭玻璃表面,请用擦镜布擦拭。一定要按仪器说明书中安全操作规范进行测量。

4.罗盘仪

罗盘仪,就是通常说的指南针,是利用磁针来测量直线磁方位角的仪器。罗盘仪的磁针有南北极,度盘刻度上标明东南西北四个方向,指针一头总会指向南方或者北方,由此来确定方位。罗盘仪结构十分简单,携带使用方便,在工程勘察中经常被用来确定方位。

（1）构造

罗盘仪的种类很多,其构造大同小异,主要部件有磁针、磁针制动器、刻度盘和水准器等。

①磁针:黑色的长条形磁性金属针,两端是尖的,磁针的中心位置放在底盘中央轴的一根顶针之上,以便磁针能够灵活地摆动。

②磁针制动器:是在支撑磁针的轴下端套着的一个自由环,自由环与制动小锣钮以杠杆相连,可使磁针离开转轴顶针并固结起来,以便保护顶针和旋转轴不受磨损,保持仪器的灵敏性,延长罗盘仪的使用寿命。

③刻度盘:包括内圈刻度盘和外圈刻度盘。内圈为垂直刻度盘,用作测量倾角和坡度角;外圈是水平刻度盘,用来测量地理方位。

④水准器:罗盘仪上通常用圆形和管形两个水准器。圆形水准器固定在底盘上,管形水准器固定在测斜器上,当气泡居中时,分别表示罗盘底盘和罗盘长边的面处于水平状态。

⑤瞄准器:包括接目和接物板,反光镜中的细丝及其下方透明小孔,用来瞄准被测量物体。

⑥测斜指针:位于底盘,测量时指针所指垂直刻度数即为倾角或坡度角的值。

（2）使用方法

用罗盘仪测磁方位角时,先要放松磁针制动螺钉打开对物板,使其指向被测物体,即使罗盘北端对着目的物,将罗盘南端靠近自己,然后进行瞄准。瞄准时,要使目的物对物板小孔,盖玻璃上的细丝,对目板小孔等连在一直线上,同时使底盘圆形水准器气泡居中,待磁针静止时,罗盘仪所指度数即为所测目的物的方位角。

（3）注意事项

罗盘仪使用时应该注意避免任何磁铁接近仪器,选择测站点应避开高压线、车间、铁栅栏等,以免产生局部吸引,影响磁针偏转,造成读数误差。使用完毕后,应立即固定磁针,以防顶针磨损和磁针脱落。

5.地阻仪

（1）接地电阻测量的必要性

接地电阻就是电流由接地装置流入大地再经大地流向另一接地体或向远处扩散所遇到的

电阻,包括接地线和接地体本身的电阻、接地体与大地的电阻之间的接触电阻,以及两接地体之间的电阻或接地体到无限远处的大地电阻。

接地电阻是接地系统设计、施工和运行中涉及的一个重要数据,它的大小直接体现了通信设备与"地"接触的良好程度,也反映了接地网的规模。通过测量通信局(站)、通信线路的接地值,可以判断设计的接地系统是否符合标准要求,是否对通信设备和电源系统的正常运行及工作人员的人身安全和设备安全起到保护作用。此外,由于土壤对接地装置具有腐蚀作用,随着运行时间的加长,接地装置已有腐蚀,影响通信设备的安全运行,因此,要准确测量并要定期监测接地电阻值,使其在规定值范围以内。

(2)测量方法

①按图 1-2-16 连接好线路。接线端 E 连接接地装置 E',另外两端 P 和 C 连接相应的电位探测极和电流探测极。

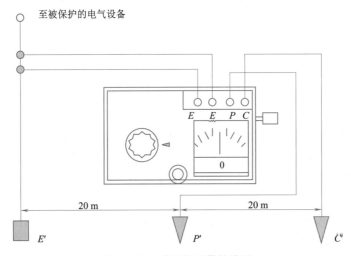

图 1-2-16　地阻仪测量接线图

②沿被测地极 E' 使电位探针 P' 和电流探针 C' 依直线彼此相距 20 m,且电位探针 P' 在 E' 和 C' 之间。

③E 端钮接 5 m 导线,P 端接 20 m 导线,C 端接 40 m 导线。

④将仪表放置水平后,检查检流计是否指 0,否则可用 0 位调整器调节 0 位。

⑤将量程转换开关置于最大倍率,慢慢转动发电机摇把,同时旋转电位器刻度盘,使检流计指针指 0。

⑥当检流计指针接近平衡时,加快发电机摇柄转速,使其达到 150 r/min,再转动电位器刻度盘,使检流计平衡,此时,刻度盘的读数乘以倍率档即为被测接地电阻数值。

⑦当刻度盘计数小于 1 时,应将倍率开关置于较小的倍率,重新调整刻度盘,以得到正确读数。

⑧当测量小于 1 Ω 接地电阻时,应将两个 E 端连接片打开,分别用导线连接到被测接地体上,此时消除测量时连接导线电阻的附加误差,操作步骤同上。

(3)注意事项及技术要求

①接地电阻测试仪应放置在离测试点 1～3 m 处,放置应平稳,便于操作。

②每个接线头的接线柱都必须接触良好,连接牢固。

③两个接地极插针应设置在离待测接地体左右分别为 20 m 和 40 m 的位置,如果用一直线将两针连接,待测接地体应基本在这一直线上。

④不得用其他导线代替随仪表配置来的 5 m、20 m、40 m 长的纯铜导线。

⑤如果以接地电阻测试仪为圆心,则两支插针与测试仪之间的夹角最小不得小于 120°;更不可同方向设置。

⑥两插针设置的土质必须坚实,不能设置在泥地、回填土、树根旁、草丛等位置。

⑦雨后连续 7 个晴天后才能进行接地电阻的测试。

⑧待测接地体应先进行除锈等处理,以保证可靠的电气连接。

⑨禁止在有雷电或被测物带电时进行测量。

⑩仪表小心轻放,避免剧烈震动。

二、通信工程设计制图

(一)制图软件的使用环境及基本操作

1. CAD 软件使用环境及特点

本项目工程施工图不采用手绘的形式进行制图,制图软件可以提供更精确的绘图方式。现在可供选择的 CAD 软件很多,既有国外软件 AutoCAD,也有国内的中望 CAD 软件;各种软件操作方式基本类似。

AutoCAD 是 Autodesk 公司开发的计算机辅助设计软件,可以用于绘制、二维制图和基本三维设计,通过它无须懂得编程,即可自动制图,因此在全球广泛使用,可以用于土木建筑、装饰装潢、工业制图、工程制图、电子工业、服装加工等多个领域。本书以 AutoCAD 2014 版本为例进行介绍。

较之之前版本 AutoCAD 2014 新增了连接功能,有利于推动项目合作者协作,加快日常工作流程;同时,其新增的实景地图功能,将设计理念运用到真实的环境,更精确地感受到真实的设计效果。

(1)增强连接性,提高合作设计效率

在 AutoCAD 2014 中集成有类似 QQ 一样的通信工具,可以在设计时通过网络交互的方式和项目合作者分享,提高开发速度。

(2)支持 Windows

AutoCAD 2014 能够在 Windows 中完美运行,并且增加了部分触屏特性。

(3)动态地图,现实场景中建模

可以将设计与实景地图相结合,在现实场景中建模,更精确地预览设计效果。

(4)新增文件选项卡

AutoCAD 2014 新增文件选项卡,更方便在不同设计中进行切换。

2. AutoCAD 2014 的系统要求

(1)对于 32 位的 AutoCAD 2014

Windows 8 的标准版、企业版或专业版,Windows 7 企业版、旗舰版、专业版或家庭高级版的或 Windows XP 专业版或家庭版(SP3 或更高版本)操作系统,对于 Windows 8 和 Windows 7:英特尔 4 或 AMD 速龙双核处理器,3.0 GHz 或更高,支持 SSE2 技术。

(2)对于 64 位的 AutoCAD 2014

Windows 8 的标准版、企业版、专业版,Windows 7 企业版、旗舰版、专业版或家庭高级版或

Windows XP 专业版（SP2 或更高版本）。支持 SSE2 技术的 AMD Opteron（皓龙）处理器；支持 SSE2 技术，支持英特尔 EM64T 和 SSE2 技术的英特尔至强处理器，支持英特尔 EM64T 和 SSE2 技术的 Pentium 4 的 Athlon64 2 GB RAM（推荐使用 4 GB），6 GB 的可用空间用于安装，1 024 × 768 像素显示分辨率真彩色（推荐 1 600 ×1 050），Internet Explorer7 或更高版本。

（3）附加要求的大型数据集，点云和 3D 建模（所有配置）

Pentium 4 或 Athlon 处理器，3 GHz 或更高，或英特尔或 AMD 双核处理器，2 GHz 或更高，4 GB RAM 或更高，6 GB 可用硬盘空间，除了自由空间安装所需的 1 280 ×1 024 真彩色视频显示适配器 128 MB 或更高，支持 PiXel Shader 3.0 或更高版本的 Microsoft 的 Direct3D 功能的工作站级图形卡。

3. AutoCAD 2014 的基本功能及应用

AutoCAD 2014 的基本功能如图 1-2-17 所示。

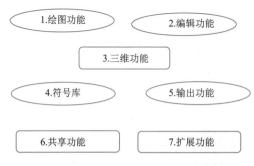

图 1-2-17　AutoCAD 2014 的基本功能

（1）AutoCAD 基础工作界面

AutoCAD 基础工作界面如图 1-2-18 所示。

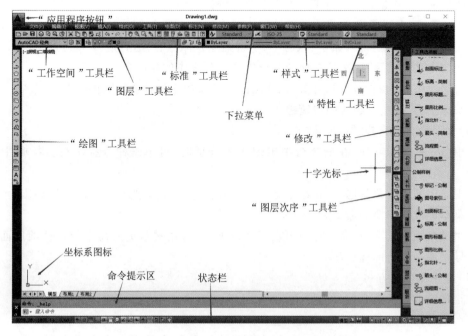

图 1-2-18　AutoCAD 基础工作界面

（2）定义工程绘图工作界面

AutoCAD 2014 中绘制工程图,应安排适合自己的工作界面。在"AutoCAD 经典"工作界面基础上,增加常用的"对象捕捉""标注""测量工具""文字"等工具栏,是一种非常实用的二维工程绘图工作界面,如图 1-2-19 所示。

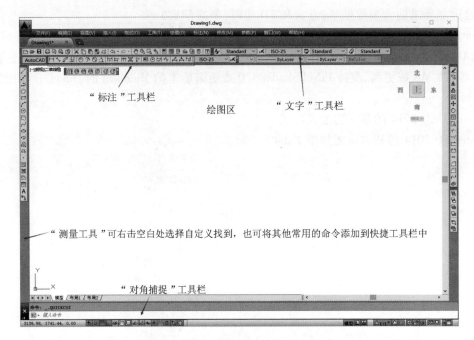

图 1-2-19 二维工程绘图工作界面

（3）输入命令的方法

①图标命令:单击工具栏中代表相应命令的图标按钮。

②菜单命令:从下拉菜单或菜单浏览器中单击要输入的命令项。

③命令行命令:在"键入命令"状态下,从键盘输入命令名,随后按〈Enter〉键;或者在待命状态下输入命令名的首字母,然后选择命令行处弹出列表中的相应命令。

④快捷菜单命令:右击目标对象,在弹出的快捷菜单中选择要输入的命令。

⑤快捷键命令:按下相应的快捷键。

（4）命令操作中选择项的输入方法

①用命令提示行选项:在命令行中出现多个选项时,可单击命令提示行方括弧中需要的选项。

②用弹出的快捷菜单选项:在命令行中出现多个选项时,将光标移至绘图区右击,可从弹出的快捷菜单中选择需要的命令。

③用键盘输入选项:在命令行中出现多个选项时,可用键盘输入命令行各选项后面提示的大写字母来选择需要的选项。

（5）终止命令的方式

①正常完成一条命令后自动终止。

②在执行命令过程中按〈Esc〉键终止。

③在执行命令过程,从菜单或工具栏中调用另一命令,绝大部分命令可终止。

（6）新建一张图

①输入命令：

- 单击图标："新建"按钮▭。
- 从下拉菜单选取："文件"→"新建"命令。
- 从键盘输入：NEW。
- 用快捷键：〈Ctrl＋N〉组合键。

②命令的操作：输入 NEW 命令之后，AutoCAD 将显示"选择样板"对话框，在"选择样板"对话框中选择 acadiso 样板，即可新建一张默认单位为毫米、图幅为 A3 的图。

（7）保存图

①保存。

a.输入命令：

- 单击图标："保存"按钮▭。
- 从下拉菜单选取："文件"→"保存"命令。
- 从键盘输入：QSAVE。
- 用快捷键：按〈Ctrl＋S〉组合键。

b.命令的操作：在"文件类型"下拉列表中选择文件类型，一般应使用默认类型"AutoCAD 2014 图形（＊.dwg）"，在"保存于"下拉列表中选择文件存放的磁盘目录，在"文件名"编辑框中重新输入图形文件名，单击"保存"按钮，即可保存当前图形。

②另存为。

a.输入命令：

- 从下拉菜单选取："文件"→"另存为"命令。
- 从键盘输入：SAVEAS。
- 用快捷键：按〈Ctrl＋Shift＋S〉组合键。

b.命令的操作：输入 SAVEAS 命令之后，AutoCAD 将弹出"图形另存为"对话框，重新指定路径及文件名，然后单击"保存"按钮即完成操作。

提示：执行该命令后，AutoCAD 将自动关闭当前图，将另存的图形文件打开并置为当前图。

（8）打开图

①输入命令：

- 单击图标："打开"按钮▭。
- 从下拉菜单选取："文件"→"打开"命令。
- 从键盘输入：OPEN。
- 用快捷键：按〈Ctrl＋O〉组合键。

②命令的操作：在"文件类型"下拉列表中选择文件类型，默认项为"图形（＊.dwg）"，在"搜索"下拉列表中指定磁盘目录，在中间列表框中选择要打开的图形文件名，单击"打开"按钮即可打开文件。

（9）坐标系

AutoCAD 在绘制工程图工作中使用笛卡儿坐标和极坐标来确定"点"的位置。坐标原点为"0,0,0"。

（10）点的基本输入方式

移动鼠标给点、输入点的绝对直角坐标给点、输入点的相对直角坐标给点、输入直接距离给点。

（11）画直线

①输入命令：

- 单击图标："直线"按钮 ✎。
- 从下拉菜单选取："绘图"→"直线"命令。
- 从键盘输入：LINE 或 L。

②命令的操作：举例说明，如图 1-2-20 所示。

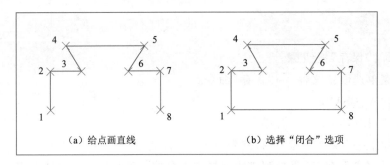

（a）给点画直线　　　　　　　（b）选择"闭合"选项

图 1-2-20　画直线案例图

（12）注写文字

①输入命令：

- 单击图标："文字样式"按钮 ❖。
- 从下拉菜单选取："格式"→"文字样式"命令。
- 从键盘输入：STYLE 或 ST。

②工程图样中需要创建的文字样式：

- "汉字"文字样式：选择"T 仿宋 GB2312"字体、在"宽度因子"框中输入 0.8（长仿宋体）。
- "数字和字母"文字样式：选择 gbeitc. shx 字体，倾斜角度使用默认值 0（其自身即是斜体）。

③注写简单文字。输入命令：

- 单击图标："单行文字"按钮 ❖。
- 从下拉菜单选取："绘图"→"文字"→"单行文字"命令。
- 从键盘输入：DTEXT 或 DT。

注写文字时，应先将相应的文字样式设置为当前，即在"样式"工具栏的"文字样式"下拉列表窗口中显示该样式的名称。否则，所注写的文字形式将不是所希望的。

④注写复杂文字。输入命令：

- 单击图标：单击"多行文字"按钮 Ａ。
- 从下拉菜单选取："绘图"→"文字"→"多行文字"命令。
- 从键盘输入：MTEXT 或 MT。

该命令以段落的方式注写文字，它具有控制所注写文字的格式及多行文字特性等功能，可以输入含有分式、上下标、角码，字体形状不同或字体大小不同的复杂文字组，如图 1-2-21 所示。

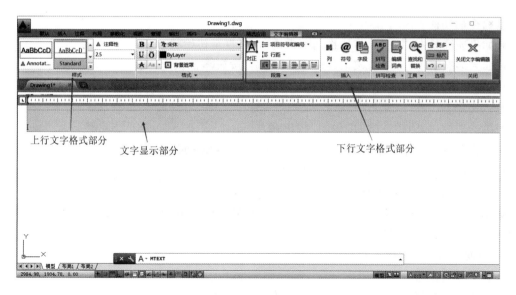

图 1-2-21　文字编辑器

（13）修改文字内容

输入命令：

● 双击要修改的文字。

● 从快捷菜单中选取：选择要修改的文字，右击，从弹出的快捷菜单中选择"编辑"或"编辑多行文字"命令。

● 从下拉菜单选取："修改"→"对象"→"文字"→"编辑"命令。

● 从键盘输入：DDEDIT。

（14）删除命令

①擦除实体。输入命令：

● 单击图标："删除"按钮 。

● 从下拉菜单选取："修改"→"删除"命令。

● 从键盘输入：ERASE 或 E。

命令的功能：ERASE 命令与橡皮的功能一样，从已有的图形中删除指定的实体，但只能删除完整的实体。

②命令的操作。直接点选方式：该方式一次只选一个实体。直接移动鼠标指针到所选择的实体上单击，成虚像即被选中。W 窗口方式：该方式选中完全在窗口内的实体，先给出窗口左边角点，再给出窗口右边角点。C 交叉窗口方式：该方式选中完全和部分在窗口内的所有实体，先给出窗口右边角点，再给出窗口左边角点。

（15）撤销上次操作

①输入命令：

● 单击图标："放弃"按钮 。

● 从下拉菜单选取："编辑"→"放弃"命令。

● 从键盘输入：U。

● 用快捷键：按〈Ctrl + Z〉组合键。

②命令的功能：

- 如果连续单击 图标，将依次向前撤销命令，直至初始状态。
- 如果多撤销了，可单击该工具栏中的"重做"按钮 依次返回。

（16）退出 AutoCAD

输入命令：

- 单击图标：标题栏右边的"关闭"按钮 。
- 单击菜单浏览器右下角的"退出 AutoCAD"按钮 退出 AutoCAD 。
- 从下拉菜单选取："文件"→"退出"命令。
- 从键盘输入：EXIT 或 QUIT。

说明：当前图形没有全部存盘，输入退出命令后，AutoCAD 会弹出警告对话框，操作该对话框后方可安全退出 AutoCAD 2014。

（二）制图软件基本对象编辑

1. 修改系统配置

- 选择"用户系统配置"选项卡，设置线宽为随层、按实际大小显示。
- 选择"用户系统配置"选项卡，设置右击"默认模式"为"重复上一个命令"。
- 选择"打开和保存"选项卡，设置图形可在 AutoCAD 2014 版本及以上的版本中打开。
- 选择"显示"选项卡，设置绘图区背景色为白色。

可通过辅助绘图工具栏（见图 1-2-22）设置辅助绘图功能。

图 1-2-22　辅助绘图工具栏

（1）栅格显示

栅格相当于坐标纸，显示图幅的大小。

栅格只是绘图辅助工具，而不是图形的一部分。

在画图框之前，应打开栅格，这样可明确图纸在计算机中的位置。

（2）栅格捕捉

栅格捕捉与栅格显示是配合使用的，捕捉打开时，光标移动受捕捉间距的限制，它使鼠标所给的点都落在捕捉间距所定的点上。

（3）正交模式

正交模式不需要设置，它就是一个开关。打开正交可迫使所画的线平行于 X 轴或 Y 轴，即画正交的线。

（4）对象捕捉

对象捕捉可把点精确定位到可见实体的某个特征点上。只要 AutoCAD 要求输入一个点，就可以激活对象捕捉。对象捕捉包含多种捕捉模式。

对象捕捉（即固定对象捕捉）可通过单击状态栏上的"对象捕捉"开关来打开或关闭。

输入命令：

- 右击状态栏中的"对象捕捉"按钮，从弹出的快捷菜单中选择"设置"命令。

- 在"对象捕捉"工具栏中单击"对象捕捉设置"按钮![按钮]。
- 从下拉菜单中选择"工具"→"草图设置"命令。
- 从键盘输入：OSNAP。

输入命令后，弹出"草图设置"对话框的"对象捕捉"选项卡，如图 1-2-23 所示。

该对话框中，"启用对象捕捉"复选框用于控制固定捕捉的打开与关闭。

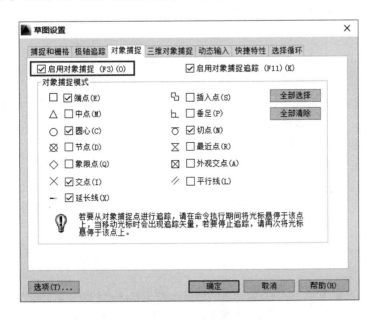

图 1-2-23　"对象捕捉"选项卡

"启用对象捕捉追踪"复选框用于控制捕捉追踪的打开与关闭。

"对象捕捉模式"选项区域中有 13 种固定捕捉模式，可以从中选择一种或多种对象捕捉模式形成一个固定模式。

单击"选项"按钮，将弹出"选项"对话框的"草图"选项卡，可进行相关设置。

固定对象捕捉是精确绘图时不可缺少的定点方式，它常与单一对象捕捉配合使用。使用"对象捕捉"工具栏是激活单一对象捕捉的常用方式，如图 1-2-24 所示。按尺寸绘图时，应将该工具栏打开放在绘图区旁。

![对象捕捉工具栏]

图 1-2-24　"对象捕捉"工具栏

工具栏可移动，也可改变其中图标的排列方式。

利用 AutoCAD 的对象捕捉功能，可以在实体上捕捉到"对象捕捉"工具栏中所列出的 13 种点。

"端点"按钮：捕捉直线段或圆弧等实体的端点。捕捉标记为![端点标记]。

"中点"按钮：捕捉直线段或圆弧等实体的中点。捕捉标记为![中点标记]。

"交点"按钮：捕捉直线段、圆弧、圆等实体之间的交点。捕捉标记为![交点标记]。

41

"外观交点"按钮:捕捉二维图形中看上去是交点而在三维图形中并不相交的点。捕捉标记为▨。

"延伸"按钮:捕捉实体延长线上的点,应先捕捉该实体上的某端点再延伸。捕捉标记为━。

"圆心"按钮:捕捉圆或圆弧的圆心。捕捉标记为⬭。

"象限点"按钮:捕捉圆上 0°、90°、180°、270°位置上的点或椭圆与长短轴相交的点。捕捉标记为◇。

"切点"按钮:捕捉所画线段与圆或圆弧的切点。捕捉标记为⬚。

"垂足"按钮:捕捉所画线段与某直线段、圆、圆弧或其延长线垂直的点。捕捉标记为┗。

"平行"按钮:捕捉与某线平行的点,不能捕捉绘制实体的起点。捕捉标记为∥。

"插入点"按钮:捕捉图块的插入点。捕捉标记为⬔。

"节点"按钮:捕捉由 POINT 等命令绘制的点。捕捉标记为⊗。

"最近点"按钮:捕捉直线、圆、圆弧等实体上最靠近光标方框中心的点。捕捉标记为⊠。

用固定对象捕捉方式绘制线段,如图 1-2-25 所示。

画一条直线段,该线段以线段 A 的中点为起点,以线段 B 的下端点为终点,如图 1-2-26 所示。

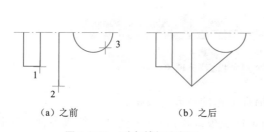

（a）之前　　　　　（b）之后

图 1-2-25　对象捕捉实例 1

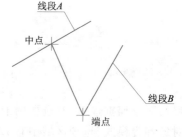

图 1-2-26　对象捕捉实例 2

（5）显示/隐藏线宽,线宽模式用来控制所绘图形的线宽在屏幕上的显示方式（与实际线宽无关）。

关闭线宽模式开关,所绘图形的线宽均按细线显示。

2. 确定绘图单位

①输入命令:

- 从下拉菜单选取:"格式"→"单位"命令。
- 从键盘输入:UNIST。

②命令的操作:在弹出的"图形单位"对话框（见图 1-2-27）中设置。长度单位为"小数"（即十进制）,其精度为 0.00。角度单位为"十进制度数",其精度为 0。

3. 选图幅

①输入命令:

- 从下拉菜单选取:"格式"→"图形界限"命令。

图 1-2-27　"图形单位"对话框

● 从键盘输入：LIMITS。

②命令的操作：(输入命令)指定左下角点或[打开(ON)/关闭(OFF)]〈0.00,0.00〉：↙接受默认值,确定图幅左下角图界坐标;指定右上角点〈420.00,297.00〉：594,420↙(输入图幅右上角图界坐标)确认(按〈Enter〉键)。

提示：在命令操作中,要在英文输入法状态下输入坐标值。

4.按指定方式显示图形

(1)全屏显示

①输入命令：

● 从状态栏单击："缩放"按钮🔍。

● 从下拉菜单选取："视图"→"缩放"命令。

● 从键盘输入：ZOOM 或 Z。

②常用的操作：输入命令 Z↙指定窗口角点,输入比例因子(NX OR NXP),或[全部(A)/中心(C)/动态(D)/范围(E)/上一个(P)/比例(S)/窗口(W)/对象(O)]〈实时〉：A↙(输入命令A),确认(按〈Enter〉键)。

提示：最快捷的全屏显示操作方式是双击鼠标滚轮。

(2)比例显示缩放

常用的操作：输入命令 Z↙指定窗口角点,输入比例因子(NX OR NXP),或[全部(A)/中心(C)/动态(D)/范围(E)/上一个(P)/比例(S)/窗口(W)/对象(O)]〈实时〉：0.8↙(输入缩放比例 0.8),确认(按〈Enter〉键)。

(3)窗选

常用的操作：输入命令 Z↙指定窗口角点,输入比例因子(NX OR NXP),或[全部(A)/中心(C)/动态(D)/范围(E)/上一个(P)/比例(S)/窗口(W)/对象(O)]〈实时〉W↙(输入命令),确认(按〈Enter〉键)。

提示：单击工具栏中的"窗口"按钮🔍,给出窗口矩形的两个对角点是窗选方式最快捷的操作方法。

(4)前一屏

常用的操作：输入命令 Z↙指定窗口角点,输入比例因子(NX OR NXP),或[全部(A)/中心(C)/动态(D)/范围(E)/上一个(P)/比例(S)/窗口(W)/对象(O)]〈实时〉P↙(输入命令),确认(按〈Enter〉键)。

提示：单击工具栏中的"缩放上一个"按钮🔍,单击后即返回前一屏实时缩放。

(5)实时缩放

常用的操作：输入命令 Z↙指定窗口角点,输入比例因子(NX OR NXP),或[全部(A)/中心(C)/动态(D)/范围(E)/上一个(P)/比例(S)/窗口(W)/对象(O)]〈实时〉：↙(输入命令),确认(按〈Enter〉键)。

提示：单击工具栏中的"实时缩放"按钮🔍,按住鼠标左键向上或向下垂直移动放大镜符号是最快捷的操作方法。

5.PAN命令

在绘图中不仅经常要用 ZOOM 命令来变换图形的显示方式,有时还需要移动整张图纸。要移动图纸,可使用 PAN(实时平移)命令。PAN 命令的输入可通过单击"标准"工具栏(或状态栏)中的"实时平移"按钮实现。输入命令后,AutoCAD 进入实时平移状态,屏幕上光标变成一只小手形状。按住鼠标左键移动光标,图纸将随之移动。确定位置后按〈Esc〉键结束命令。

提示:移动图纸的最快捷方式是按下鼠标滚轮移动鼠标。转动滚轮可实现实时缩放。

6. 设置线型

(1) 常用线型

按现行《技术制图标准》绘制工程图时,常选择的线型如下:

实线:CONTINUOUS。

虚线:ACAD ISO02W100。

点画线:ACAD ISO04W100。

双点画线:ACAD ISO05W100。

提示:只有适当地选择线型,在同一线型比例下,才能绘制出符合制图标准的图线。

(2) 加载线型

选择"格式"→"线型"命令,输入命令后,弹出"线型管理器"对话框,如图 1-2-28 所示。

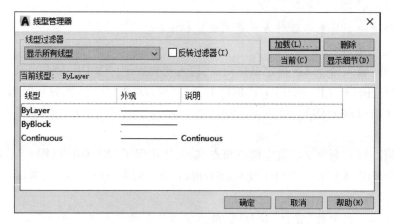

图 1-2-28　"线型管理器"对话框

单击"线型管理器"对话框上部的"加载"按钮,弹出"加载或重载线型"对话框,如图 1-2-29 所示。

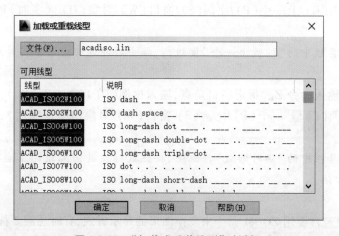

图 1-2-29　"加载或重载线型"对话框

选择要加载的线型并单击"确定"按钮,就可以将线型载入当前图形的"线型管理器"对话框中。

（3）按技术制图标准设定线型比例

线型比例用于控制虚线和点画线的间隔与线段的长短。

提示：工程图中线型的"全局比例因子"值应在 $0.35 \sim 0.4$ 之间（按图幅的大小取值,图幅越大取值越大）。图 1-2-30 中设置为 0.38。

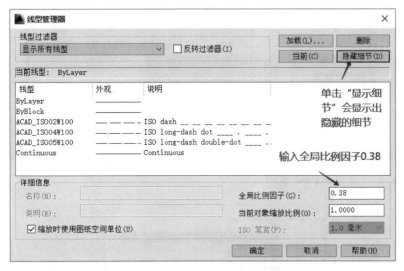

图 1-2-30　线型管理显示细节

7. 创建和管理图层

绘制工程图需要多种线型,应创建多个图层。一个图层上只能赋予一种线型和一种颜色。画哪一种线,就把哪一图层设为当前图层。

（1）通过 LAYER 命令创建与管理图层

①输入命令：

- 单击图标："图层"按钮 。
- 从下拉菜单选取："格式"→"图层"命令。
- 从键盘输入：LAYER。

"图层特性管理器"窗口如图 1-2-31 和图 1-2-32 所示。

图 1-2-31　"图层特性管理器"窗口 1

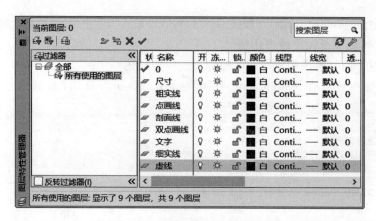

图 1-2-32 "图层特性管理器"窗口 2

（2）用"图层"工具栏管理图层

在"图层列表"下拉列表中选择一个图层名（见图 1-2-33），将其显示在工具栏中，即被设为当前图层。（这是设置当前图层常用方法。）

图 1-2-33 图层列表

在"图层列表"下拉列表中单击表示图层开关状态的图标，可改变该图层的开关状态。（这是控制图层开关状态快捷方法。）

（3）用"特性"工具栏管理当前实体

在"特性"工具栏的"颜色"下拉列表框中，选择某种颜色（见图 1-2-34），可改变被选中的实体与其后所绘制的实体的颜色，但并不改变当前图层的颜色。

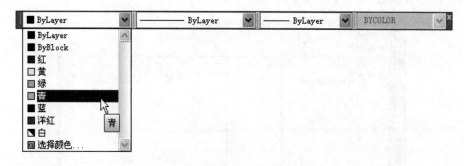

图 1-2-34 "颜色"下拉列表框

在"特性"工具栏的"线型"下拉列表框中，选择某种线型（见图 1-2-35），可改变当前实体的线型，但并不改变当前图层的线型。

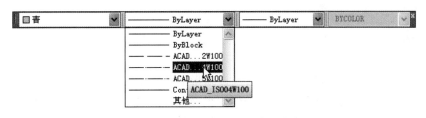

图 1-2-35 "线型"下拉列表框

在"特性"工具栏的"线宽控制"下拉列表框中,选择某个线宽值(见图 1-2-36),可改变当前实体的线宽,但并不改变当前图层的线宽。

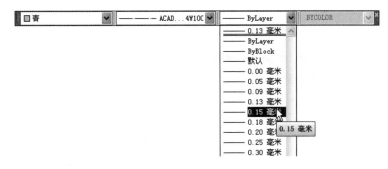

图 1-2-36 "线宽控制"下拉列表框

8. 创建文字样式

用 STYLE 命令按技术制图标准创建"工程图中的汉字"和"工程图中的数字和字母"两种文字样式。

"工程图中的汉字"(长仿宋体)字体为"T 仿宋 GB2312";宽度因子为"0.8"。

"工程图中的数字和字母"(一般用斜体)字体为 gbeitc.shx,字体倾斜角度值为 0。

9. 绘制图框和标题栏

用 LINE 命令根据制图标准画出图框和标题栏,用 DTEXT 命令注写标题栏中的文字,如图 1-2-37 所示。

图 1-2-37 标题栏示例

任务小结

本任务主要讲述了通过对敷设线路所经过地形的勘察及测量获得准确的数据,获得这些数据才能准确对线路进行敷设。学习有关勘察知识及测量方法,掌握测量工具的使用方法,以及对 AutoCAD 2014 工程设计制图软件的学习,对该软件有一个更全面的认识,从而对接下来的制图工作有更清晰的了解。

※思考与练习

一、填空题

1. 所谓通信工程勘察,包括"查勘"和"测量"两个工序。一般大型工程又可分为(　　　)、(　　　)和(　　　)3 个阶段。

2. 电信网可以分为(　　　)、(　　　)和(　　　)。

3. (　　　)文件是承担工程实施部门完成项目建设的主要依据。

4. 电信通信就是利用电信系统来进行(　　　)的传递。

5. 在命令行中出现多个选项时,将光标移至(　　　)右击,在弹出的快捷菜单中选择需要的命令。

二、判断题

1. (　　)对象捕捉是绘图时常用的精确定点方式。对象捕捉方式可把点精确定位到可见实体的某特征点上。

2. (　　)从图纸空间打印图样,不可为同一个图形文件创建多个图纸布局和打印方案。

3. (　　)布局对应图纸空间,一个布局就是一张图纸。

4. (　　)在"图层列表"下拉列表中选择一个图层名,将其显示在工具栏中,即被设为当前图层。

5. (　　)开工前一个月由建设单位会同施工单位向主管部门提出建设项目开工报告。

三、简答题

1. 取消命令执行的快捷键是什么?

2. 运行 AutoCAD 2014 软件,至少需要多少内存空间?

3. 要快速显示整个图限范围内的所有图形,可使用哪个命令?

4. 在 AutoCAD 2014 中,要将左右两个视口改为左上、左下、右三个视口可选择什么命令?

5. 工程测量方法有哪些?

任务三　学习通信工程制图

任务描述

在本项目设计制图过程中,涉及许多图形的绘画,通过本任务学习使用 AutoCAD 2014 的各类图形绘制方法,了解常用命令的作用,学习各命令的操作。

任务目标

- 总结归纳使用 AutoCAD 2014 绘制设计制图的图形绘制方法。
- 掌握常用命令的使用方式。
- 掌握基本绘制的重要知识点。

任务实施

一、通信设计制图软件应用

（一）制图软件基本图形绘制

1.绘制无穷长直线

用 XLINE 命令可绘制无穷长直线,其常作为辅助线。该命令可按指定的方式和距离绘制一条或一组无穷长直线。

进入绘制界面方式:

- 单击图标:"构造线"按钮 ◢。
- 从下拉菜单选取:"绘图"→"构造线"命令。
- 从键盘输入:XLINE 或 XL。

（1）指定两点绘制线（默认项）（见图 1-3-1）

输入命令:(输入命令)指定点或［水平（H）/垂直（V）/角度（A）/二等分（B）/偏移（O）］:(给起点)指定通过点.(给通过点,绘制出一条线)。指定通过点:(给通过点,再绘制一条线或按〈Enter〉键结束)。

（2）绘制水平线（见图 1-3-2）

输入命令:(输入命令)指定点或［水平（H）/垂直（V）/角度（A）/二等分（B）/偏移（O）］:H↙(可从快捷菜单中选择该命令)指定通过点:(给通过点,绘制出一条水平线)。指定通过点(给通过点,再绘制一水平线或按〈Enter〉键结束)。

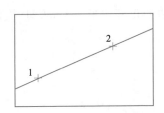

图 1-3-1 指定两点绘制线

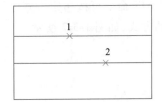

图 1-3-2 绘制水平线

（3）绘制垂直线（见图 1-3-3）

输入命令:(输入命令)指定点或［水平（H）/垂直（V）/角度（A）/二等分（B）/偏移（O）］:V↙(可从快捷菜单中选择该选项)。(给通过点,绘制出一条铅垂线)。指定通过点:(给通过点,再绘制一铅垂线或按〈Enter〉键结束)输入命令。

（4）指定角度绘制线（见图1-3-4）

输入命令：（输入命令）指定点或［水平（H）/垂直（V）/角度（A）/二等分（B）/偏移（O）］：A↙（可从右键菜单中选择该选项）选项后，按提示先给角度，再给通过点绘制线。

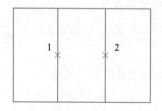

图1-3-3　绘制垂直线

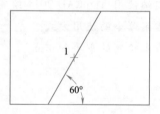

图1-3-4　指定角度绘制线

（5）绘制所选直线的平行线（见图1-3-5）

输入命令：（输入命令）指定点或［水平（H）/垂直（V）/角度（A）/二等分（B）/偏移（O）］：O↙（可从右键菜单中选择该选项）。指定偏移距离或［通过（T）］〈20〉：（给偏移距离）。选择直线对象：（选择一条无穷长直线或直线）。指定向哪侧偏移：（在绘制线一侧任意给一个点，按偏移距离绘制出一条与所选直线平行并等长的线）。选择直线对象：（可同上操作再绘制一条线，也可按〈Enter〉键结束该命令）。

（6）指定三点绘制角平分线（见图1-3-6）

输入命令：（输入命令）指定点或［水平（H）/垂直（V）/角度（A）/二等分（B）/偏移（O）］：B↙（可从右键菜单中选择该选项）选项后，按提示依次给出3个点，即绘制出一条角平分线。按提示若再给点，可再绘制一条该点与1和2点组成的夹角的角平分线（或按〈Enter〉键结束）。

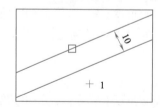

图1-3-5　绘制所选直线的平行线

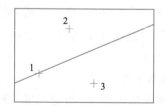

图1-3-6　指定三点绘制角平分线

2. 绘制正多边形

用POLYGON命令可按指定方式绘制3～1 024个边的正多边形。AutoCAD提供了3种绘制正多边形的方式，如图1-3-7所示。

（a）边长方式　　　　（b）内接于圆方式　　　　（c）外切于圆方式

图1-3-7　绘制正多边形的方式

（1）进入绘制界面方式

● 单击图标："正多边形"按钮 ⬡。

- 从下拉菜单选取:"绘图"→"正多边形"命令。
- 从键盘输入:POLYGON。

（2）命令的操作方式

①边长方式,如图 1-3-8 所示。

输入命令:（输入命令）输入边的数目〈4〉:5↙（给边数）。指定多边形的中心点或[边（E）]:E↙（选边长方式）。指定边的第一个端点:（给边上第 1 端点）。指定边的第二个端点:（给边上第 2 端点）,确认（按〈Enter〉键）。

②内接于圆方式（默认方式）,如图 1-3-9 所示。

输入命令:（输入命令）输入边的数目〈4〉:6↙（给边数）。指定多边形的中心点或[边（E）]:（给多边形中心点 O）。输入选项[内接于圆（I）/外切于圆（C）]〈I〉:↙（选默认方式）。指定圆的半径:（给圆半径）,确认（按〈Enter〉键）。

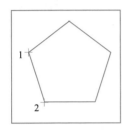
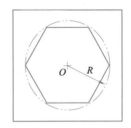

图 1-3-8　边长方式绘制正多边形　　　图 1-3-9　内接于圆方式绘制正多边形

③外切于圆方式,如图 1-3-10 所示。

输入命令:（输入命令）输入边的数目〈3〉:6↙（给边数）。指定多边形的中心点或[边（E）]:（给多边形中心点 O）。输入选项[内接于圆（I）/外切于圆（C）]〈I〉:C↙。指定圆的半径:（给圆半径）,确认（按〈Enter〉键）。

3.绘制矩形

用 RECTANG 命令可按指定的线宽绘制矩形,该命令还可绘制倾斜的矩形、四角为斜角或者圆角的四边形,如图 1-3-11 所示。

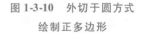

图 1-3-10　外切于圆方式
绘制正多边形

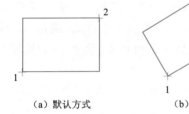

（a）默认方式　　　　（b）斜矩形　　　　（c）有斜角的矩形　　　（d）有圆角的矩形

图 1-3-11　绘制的矩形

（1）进入绘制界面方式

- 单击图标:"矩形"按钮▱。
- 从下拉菜单选取:"绘图"→"矩形"命令。
- 从键盘输入:RECTANG。

（2）命令的操作方式

①绘制矩形如图 1-3-12 所示。

输入命令（输入命令）指定第一个角点或［倒角（C）/标高（E）/圆角（F）/厚度（T）/宽度（W）］:（给第 1 点）。指定另一个角点或［面积（A）/尺寸（D）/旋转（R）］:（给第 2 点或选项）。确认（按〈Enter〉键）。

指定另一个角点或［面积（A）/尺寸（D）/旋转（R）］时,有三种方式:

• 在提示行选择 D 选项,AutoCAD 将依次要求输入矩形的长度和宽度,按提示操作,将按所给尺寸及当前线宽绘制一个矩形。

• 在提示行选择 A 选项,AutoCAD 将依次要求输入矩形的面积和一个边的尺寸,按提示操作,将按所给尺寸及当前线宽绘制一个矩形。

• 在提示行选择 R 选项,AutoCAD 将依次要求输入矩形的旋转角度和矩形尺寸,按提示操作,将按所指定的倾斜角度和矩形尺寸绘制一个倾斜的矩形,如图 1-3-13 所示。

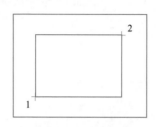

图 1-3-12　绘制矩形

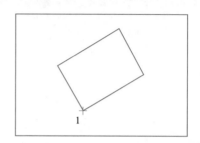

图 1-3-13　绘制斜矩形

②绘制有斜角的矩形,如图 1-3-14 所示。

输入命令:（输入命令）指定第一个角点或［倒角（C）/标高（E）/圆角（F）/厚度（T）/宽度（W）］:C↙。指定矩形的第一个倒角距离〈0.00〉:（给第一倒角距离）。指定矩形的第二个倒角距离〈0.00〉:（给第二倒角距离）。指定第一个角点或［倒角（C）/标高（E）/圆角（F）/厚度（T）/宽度（W）］:（给第 1 角点）。指定另一个角点或［面积（A）/尺寸（D）/旋转（R）］:（给另一个对角点或选项后再给矩形尺寸）。

③绘制有圆角的矩形,如图 1-3-15 所示。

输入命令:（输入命令）指定第一个角点或［倒角（C）/标高（E）/圆角（F）/厚度（T）/宽度（W）］:F↙。指定矩形的圆角半径〈0.00〉:（给圆角半径）。指定第一个角点或［倒角（C）/标高（E）/圆角（F）/厚度（T）/宽度（W）］:（给第 1 角点）。指定另一个角点或［面积（A）/尺寸（D）/旋转（R）］:（给另一个对角点或选项后再给矩形尺寸）。

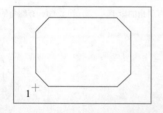

图 1-3-14　绘制有斜角的矩形

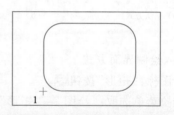

图 1-3-15　绘制有圆角的矩形

4．绘制圆

（1）进入绘制界面方式

● 单击图标："圆"按钮 ⊘。

● 从下拉菜单选取："绘图"→"圆"子菜单中的命令。

● 从键盘输入：CIRCLE 或 C。

（2）命令的操作

用默认方式绘制圆，从控制台或工具栏输入命令，按提示操作最方便；用非默认项绘制圆，在命令中用快捷菜单选取绘制圆方式和操作项非常简捷灵活，是常用的方法。用非默认项绘制圆，也可从下拉菜单的子菜单中直接选取绘制圆方式，AutoCAD 会按所选方式出现提示，依次给出应答即可。

用 ARC 命令可按指定方式画圆弧。AutoCAD 实际提供了 8 种画圆弧的方式。

①三点方式（默认项），如图 1-3-16 所示。

②起点、圆心、端点方式，如图 1-3-17 所示。

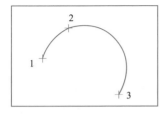

图 1-3-16　三点方式

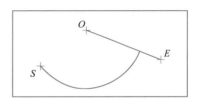

图 1-3-17　起点、圆心、端点方式

③起点、圆心、角度方式，如图 1-3-18 所示。

④起点、圆心、长度方式，如图 1-3-19 所示。

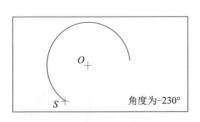

图 1-3-18　起点、圆心、角度方式

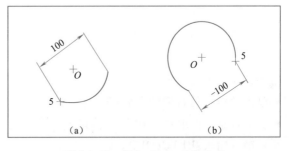

图 1-3-19　起点、圆心、长度方式

⑤起点、端点、角度方式，如图 1-3-20 所示。

⑥起点、端点、方向方式，如图 1-3-21 所示。

⑦起点、端点、半径方式，如图 1-3-22 所示。

⑧连续方式，如图 1-3-23 所示。

用 PLINE 命令可绘制等宽或不等宽的有宽线。该命令不仅可以绘制直线，还可以绘制圆弧及直线与圆弧、圆弧与圆弧的组合线，如图 1-3-24 所示。

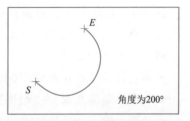

图 1-3-20　起点、端点、角度方式

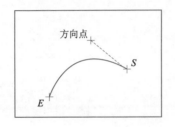

图 1-3-21 起点、端点、方向方式

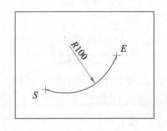

图 1-3-22 起点、端点、半径方式

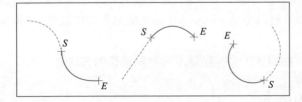

图 1-3-23 连续方式

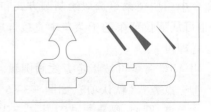

图 1-3-24 PLINE 命令绘制的线

（3）绘制多段线

①进入绘制界面方式：

- 单击图标："多段线"按钮。
- 下拉菜单选取："绘图"→"多段线"命令。
- 从键盘输入：PL。

②命令的操作：直线方式提示行：指定下一个点或［圆弧（A）/闭合（C）/半宽（H）/长度（L）/放弃（U）/宽度（W）］：（给点或选项）。

圆弧方式提示行：［角度（A）/圆心（CE）/闭合（CL）/方向（D）/半宽（H）/直线（L）/半径（R）/第二个点（S）/放弃（U）/宽度（W）］：（给点或选项）。

（4）绘制云线和徒手画线

用 REVCLOUD 命令可绘制类同云朵一样的连续曲线，若将弧长设置得很小可实现徒手画线，如图 1-3-25 所示。

进入绘制界面方式：

- 单击图标："修订云线"按钮。
- 从下拉菜单选取："绘图"→"修订云线"命令。
- 从键盘输入：REVCLOUD。

不反转方向　　　反转方向

（5）绘制样条曲线。

用 SPLINE 命令可绘制通过或接近所给一系列点的光滑曲线，如图 1-3-26 所示。

图 1-3-25 绘制云线

进入绘制界面方式：

- 单击图标："样条曲线"按钮。
- 从下拉菜单选取：在"绘图"→"样条曲线"子菜单中选择一种绘制样条曲线。
- 从键盘输入：SPLINE 或 SPL。

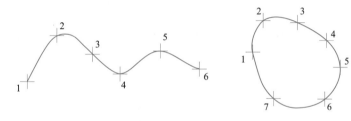

　　　（a）不封闭的样条曲线　　　　　　（b）封闭的样条曲线

图 1-3-26　绘制样条曲线

以图 1-3-27 所示为例,绘制样条曲线的步骤如下:

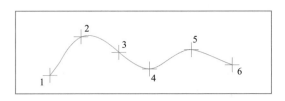

图 1-3-27　绘制样条曲线示例

当前设置:方式 = 拟合;节点 = 弦(信息行)。

指定第一个点或[方式(M)/节点(K)/对象(O)]:(给第 1 点)。

输入下一个点或[起点切向(T)/公差(L)]:(给第 2 点)。

输入下一个点或[端点相切(T)/公差(L)/放弃(U)]::(给第 3 点)。

输入下一个点或[端点相切(T)/公差(L)/放弃(U)/闭合(C)]:(给第 4 点)。

输入下一个点或[端点相切(T)/公差(L)/放弃(U)/闭合(C)]:(给第 5 点)。

输入下一个点或[端点相切(T)/公差(L)/放弃(U)/闭合(C)]:(给第 6 点)。

指定下一个点或[闭合(C)/拟合公差(F)]〈起点切向〉:↙。

（6）绘制椭圆(见图 1-3-28)

进入绘制界面方式:

- 单击图标:“椭圆”按钮 ⬭。
- 从下拉菜单选取:“绘图”→“椭圆”命令。
- 从键盘输入:ELLIPSE。

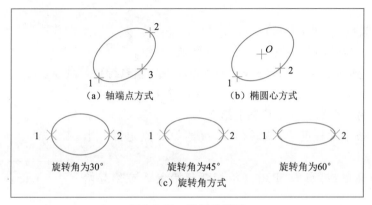

图 1-3-28　绘制的椭圆

①轴端点方式（默认方式），如图 1-3-29 所示。

● 指定椭圆的轴端点或［圆弧（A）/中心点（C）］:（给第 1 点）。

● 指定轴的另一个端点:（给该轴上第 2 点）。

● 指定另一条半轴长度或［旋转（R）］:（给第 3 点定另一半轴长）。

②椭圆心方式，如图 1-3-30 所示。

● 指定椭圆的轴端点或［圆弧（A）/中心点（C）］:C↙（选椭圆圆心方式）。

● 指定椭圆的中心点:（给椭圆圆心 O）。

● 指定轴的端点:（给轴端点 1 或其半轴长）。

● 指定另一条半轴长度或［旋转（R）］:（给轴端点 2 或其半轴长）。

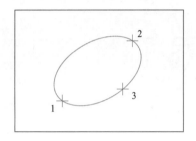
图 1-3-29　轴端点方式

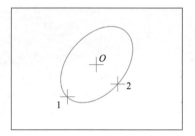
图 1-3-30　椭圆心方式

③旋转角方式，如图 1-3-31 所示。

● 指定椭圆的轴端点或［圆弧（A）/中心点（C）］:（给第 1 点）。

● 指定轴的另一个端点:（给该轴上第 2 点）。

● 指定另一条半轴长度或［旋转（R）］:R↙（选旋转方式）。

● 指定绕长轴旋转的角度:（给旋转角度）。

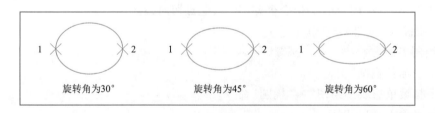

旋转角为30°　　　　　旋转角为45°　　　　　旋转角为60°

图 1-3-31　旋转角方式

（7）绘制椭圆弧（见图 1-3-32）

● 输入命令:在"绘图"工具栏中单击"椭圆弧"按钮。

● 指定椭圆的轴端点或［圆弧（A）/中心点（C）］:A（信息行）。

● 指定椭圆弧的轴端点或［中心点（C）］:（给第 1 点）。

● 指定轴的另一个端点:（给该轴上第 2 点）。

● 指定另一条半轴长度或［旋转（R）］:（给第 3 点定另一半轴长）。

● 指定起点角度或［参数（P）］:（给切断起始点 A 或给起始角度）。

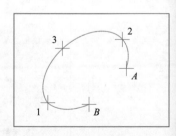
图 1-3-32　绘制椭圆弧

● 指定端点角度或［参数（P）/包含角度（I）］：（给终点 B 或终止角度）。

（8）绘制点和等分线段

①用 POINT 命令可按设置的点样式在指定位置绘制点。

用 DIVIDE 和 MEASURE 命令可按设置的点样式在选定的线段上按指定的等分数或等分距离绘制等分点。

点样式决定了所绘制点的形状和大小。执行绘制点命令前，应先设置点样式。同一个图形文件中只能有一种点样式。当改变点样式时，该图形文件中所绘制点的形状和大小都将随之改变。

进入绘制界面方式：

● 从下拉菜单选：“格式”→“点样式”命令。

● 从键盘输入：POMODE。

输入命令后，显示“点样式”对话框，如图 1-3-33 所示。

单击上部点的形状图例来设置点的形状。选中“按绝对单位设置大小”单选按钮确定点的尺寸方式。在“点大小”文字编辑框中指定所绘制点的大小。单击“确定”按钮完成点样式设置。

②按指定位置绘制点，如图 1-3-34 所示。

进入绘制界面方式：

● 单击图标：“点”按钮 ■。

● 从下拉菜单选取：“绘图”→“点”→“多点”命令。

● 从键盘输入：POINT。

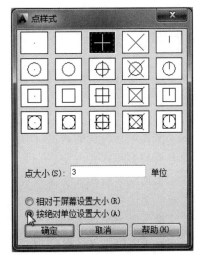

图 1-3-33　“点样式”对话框

当前点模式：PDMODE = 3，PDSIZE = 5.00（信息行）。指定点：（指定点的位置绘制出一个点）。指定点：（可继续绘制点或按〈Esc〉键结束命令）。

③按等分数绘制线段的等分点。

进入绘制界面方式：

● 从下拉菜单选取：“绘图”→“点”→“定数等分”命令。

● 从键盘输入：DIVIDE。

选择要定数等分的对象：（选择一条线段）。输入线段数目或［块（B）］8↙（给等分数）。

等分点的形状和大小按所设的点样式绘制出，效果如图 1-3-35 所示。

图 1-3-34　绘制点

选择实体

按等分数绘制线段的等分点

图 1-3-35　绘制等分点

（9）绘制多条平行线

用 MLINE（多线）命令可按当前多线样式指定的线型、条数、比例及端口形式绘制多条平行线段。多线的间距可在该命令中重新指定。工程绘图中用“多线”命令绘制建筑平面图中的墙体非常方便。

以绘制图 1-3-36 所示房屋平面图中的墙体为例讲述该命令的操作过程。

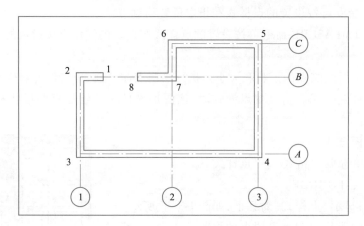

图 1-3-36 房屋平面图

多线中平行线的数量、间距、各线的线型、是否显示连接、两端是否封口、以什么形式封口等均由当前多线样式决定。

①创建多线样式。多线样式的默认设置为两端不封口且不显示连接的两条实线。如果需要新的多线样式,可用 MLSTYLE 命令来创建。

进入绘制界面方式：

- 从下拉菜单选取："格式"→"多线样式"命令。
- 从键盘输入：MLSTYLE。

在弹出的"多线样式"对话框中单击"新建"按钮,弹出"创建新的多线样式"对话框,在该对话框中输入名称 24 后,单击"继续"按钮,弹出"新建多线样式:24"对话框,按图 1-3-37 设置。

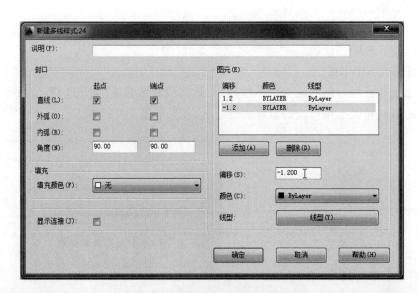

图 1-3-37 "新建多线样式:24"对话框

②绘制多线。进入绘制多线界面方式：

● 从下拉菜单选取："绘图"→"多线"命令。

● 从键盘输入：ML。

绘制过程：

● 当前设置：对正＝上，比例＝20.00，样式＝24（信息行）。

● 指定起点或[对正(J)/比例(S)/样式(ST)]：S✓。

● 输入多线比例〈20.00〉：1✓（墙体绘制的厚度是 2.4 mm，即按 1∶100）。

● 指定起点或[对正(J)/比例(S)/样式(ST)]：（给起点，即第 1 点）。

● 指定下一点：（给第 2 点）。

● 指定下一点或[放弃(U)]：（给第 3 点）。

● 指定下一点或[闭合(C)/放弃(U)]：（给第 4 点）。

● 指定下一点或[闭合(C)/放弃(U)]：（给第 5 点）。

● 指定下一点或[闭合(C)/放弃(U)]：（给第 6 点）。

● 指定下一点或[闭合(C)/放弃(U)]：（给第 7 点）。

● 指定下一点或[闭合(C)/放弃(U)]：（给第 8 点）。

● 指定下一点或[闭合(C)/放弃(U)]：✓。

(10)修改多线

双击要修改的多线，AutoCAD 将弹出"多线编辑工具"对话框（见图 1-3-38），可根据不同的交点类型采用不同的工具进行编辑。

在"多线编辑工具"对话框中单击其中的一个图标，AutoCAD 将给出适当的提示信息。

图 1-3-38 "多线编辑工具"对话框

(11)绘制表格

在 AutoCAD 中，可创建所需的表格样式，以多行文字格式绘制表格中的文字，可在表格中进行公式运算等操作,并可方便地修改表格。

设置表格样式命令如下:

- 单击图标:▦ 按钮。
- 从下拉菜单选取:"格式"→"表格样式"命令。
- 从键盘输入:TABLESTYLE。

输入命令后,AutoCAD弹出"表格样式"对话框,单击"新建"按钮,给出名称"表2"后,弹出"新建表格样式:表2"对话框,在其中进行相应的设置,如图1-3-39所示。

图1-3-39　"新建表格样式:表2"对话框

设置后,进入绘图状态,指定插入点,显示多行文字输入格式,可单击单元格来选择单元输入文字。效果如图1-3-40所示。

标 题			
列标题一	列标题二	列标题三	列标题四
数据第一行	500	160	660
数据第二行		20000	20000
数据第三行	3500		3500
数据第四行		200	200
数据第五行	800	1000	1800
数据第六行		合 计	26160

图1-3-40　绘制的表格

(二)制图常用命令及应用

1.编辑命令中选择实体的方式

- 直接点选方式:该方式一次只选一个实体。
- W窗口方式:该方式选中完全在窗口内的所有实体。

- C 交叉窗口方式:该方式选中完全和部分在窗口内的所有实体。
- 栏选(Fence)方式:该方式可绘制若干条直线,它用来选中与所绘直线相交的实体。
- 扣除方式:该方式可撤销同一个命令中选中的任一个或多个实体。
- 全选(All)方式:该方式选中图形中所有对象。

2.编辑命令的应用

(1)复制

对于图形中任意分布的相同部分,绘图时可只画出一处,其他用 COPY 命令复制绘出。对于图形中对称的部分,一般只画一半,然后用 MIRROR 命令复制出另一半。对于成行成列、在圆周上或沿指定路径均匀分布的结构,一般只画出一处,其他用 ARRAY 命令复制绘出。对于已知间距的平行直线或较复杂的类似形图形,可只画出一个,其他用 OFFSET 命令复制绘出。

①用 COPY 命令可将选中的实体复制到指定的位置,可进行任意次复制,如图 1-3-41 所示。命令中的基点是确定新复制实体位置的参考点,也就是位移的第 1 点。

进入绘制界面方式:

- 单击图标:按钮。
- 从下拉菜单选取:"修改"→"复制"命令。
- 从键盘输入:CO。

输入命令后,按提示应答。

②复制图形中对称的实体。用 MIRROR 命令可复制绘制与选中实体对称的实体。镜像指以相反的方向生成所选择实体的复制。该命令将选中的实体按指定的镜像线作镜像,如图 1-3-42 所示。

进入绘制界面方式:

- 单击图标:按钮。
- 从下拉菜单选取:"修改"→"镜像"命令。
- 从键盘输入:MI。

输入命令后,按提示应答。

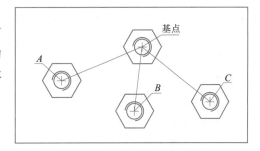

图 1-3-41　使用复制命令

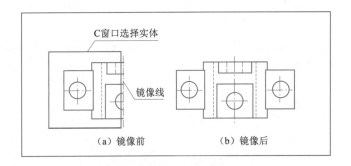

图 1-3-42　使用镜像

③复制图形中规律分布的实体。用 ARRAY 命令可一次复制生成多个均匀分布的实体,如图 1-3-43 所示。AutoCAD 2014 提供了 3 种阵列的方式。

61

进入绘制界面方式：

- 单击图标：按钮。
- 从下拉菜单选取："修改"→"阵列"子菜单中的命令。
- 从键盘输入：AR。

输入命令后，按提示应答。

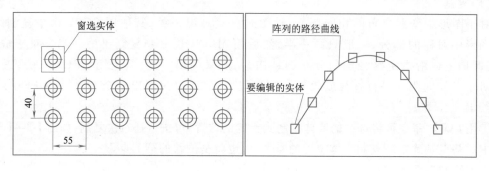

图 1-3-43 使用阵列

④复制生成图形中的相似实体。用 OFFSET 命令可复制生成图形中的相似实体。该命令将选中的直线、圆弧、圆及二维多段线等按指定的偏移量或通过点生成一个与原实体形状相似的新实体（单条直线是生成相同的新实体），如图 1-3-44 所示。

进入绘制界面方式：

- 单击命令图标：按钮。
- 从下拉菜单选取："修改"→"偏移"命令。
- 从键盘输入：OFFSET。

输入命令后，按提示应答。

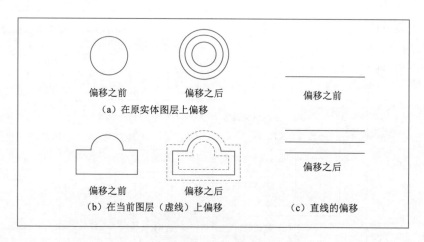

图 1-3-44 使用偏移

（2）移动

用 MOVE 命令可将选中的实体移动到指定的位置，如图 1-3-45 所示。

进入绘制界面方式：

- 单击图标：✛按钮。
- 从下拉菜单选取："修改"→"移动"命令。
- 从键盘输入：M。

输入命令后，按提示应答。

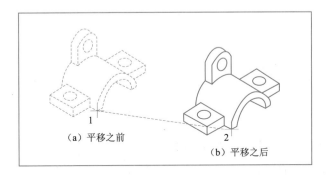

图 1-3-45 使用移动

（3）旋转

用 ROTATE 命令可将选中的实体绕指定的基点进行旋转，如图 1-3-46 所示。可用给旋转角方式，也可用参照方式。

进入绘制界面方式：

- 单击图标：⟲按钮。
- 从下拉菜单选取："修改"→"旋转"命令。
- 从键盘输入：ROTATE。

输入命令后，按提示应答。

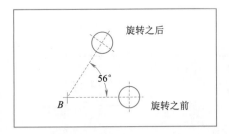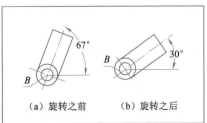

图 1-3-46 使用旋转

（4）改变大小

①缩放图形中的实体。用 SCALE 命令可将选中的实体相对于基点按比例进行放大或缩小，如图 1-3-47 所示。可用给比例值方式，也可用参照方式。

进入绘制界面方式：

- 单击图标▢按钮。
- 从下拉菜单选取："修改"→"缩放"命令。

- 从键盘输入:SC。

输入命令后,按提示应答。

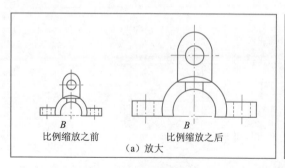

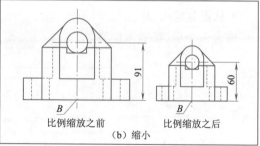

图 1-3-47 使用缩放

②拉压图形中的实体。用 STRETCH 命令可将选中的实体拉长或压缩到给定的位置,如图 1-3-48 所示。在操作该命令时,必须用 C 窗口方式来选择实体,与选取窗口相交的实体会被拉长或压缩,完全在选取窗口外的实体不会有任何改变,完全在选取窗口内的实体将发生移动。

进入绘制界面方式:

- 单击图标:⬜按钮。
- 从下拉菜单选取:"修改"→"拉伸"命令。
- 从键盘输入:STRETCH。

输入命令后,按提示应答。

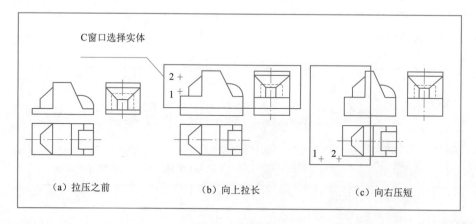

图 1-3-48 使用拉伸

(5)延伸与修剪到边界

为了提高绘图速度,在 AutoCAD 中绘图常根据所给尺寸的条件,先用绘图命令画出图形的基本形状,然后再用 TRIM 命令将各实体中多余的部分去掉,如图 1-3-49 所示。

绘图时常会出现误差,当所绘两线段相交处出现出头或间隙时,用 EXTEND 命令去掉出头或画出间隙处的线段是最准确、最快捷的方法。

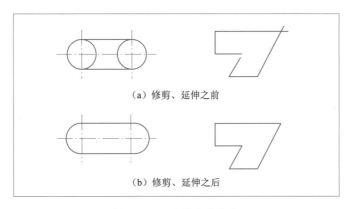

（a）修剪、延伸之前

（b）修剪、延伸之后

图 1-3-49　去掉多余部分

①延伸图形中实体到边界。

用 EXTEND 命令可将选中的实体延伸到指定的边界,如图 1-3-50 所示。

进入绘制界面方式:

- 单击图标:按钮。

- 从下拉菜单选取:"修改"→"延伸"命令。

- 从键盘输入:EX。

输入命令后,按提示应答。

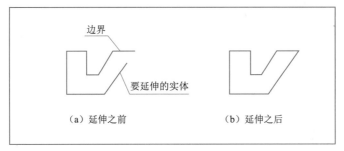

图 1-3-50　使用延伸命令

②修剪图形中实体到边界。

用 TRIM 命令可将指定的实体部分修剪到指定的边界,如图 1-3-51 所示。

进入绘制界面方式:

- 单击图标:按钮。

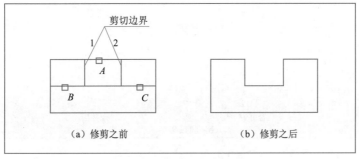

图 1-3-51　使用修剪命令

- 从下拉菜单选取："修改"→"修剪"。

- 从键盘输入：TR。

输入命令后，按提示应答。

（6）打断

用 BREAK 命令可打断实体，即擦除实体上的某一部分或将一个实体分成两部分，如图 1-3-52 所示。其可直接给两个打断点来切断实体；也可先选择要打断的实体，再给两个打断点。

进入绘制界面方式：

- 单击图标：□按钮。

- 从下拉菜单选取："修改"→"打断"。

- 从键盘输入：BR。

输入命令后，按提示应答。

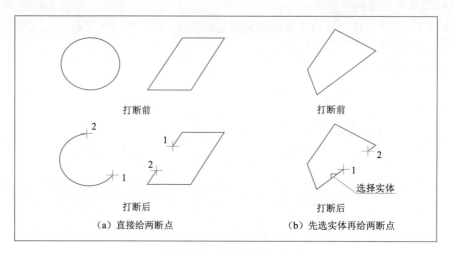

图 1-3-52　使用打断命令

（7）合并

用 JOIN 命令可将一条线上的多个直线段或一个圆上的多个圆弧连接合并为一个实体，如图 1-3-53 所示。

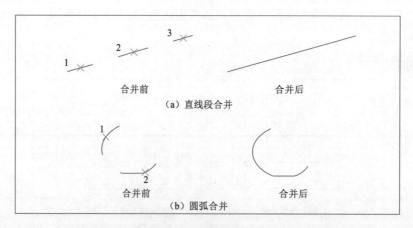

图 1-3-53　使用合并命令

进入绘制界面方式：

● 单击图标：➡️按钮。

● 从下拉菜单选取："修改"→"合并"。

● 从键盘输入：J。

输入命令后，按提示应答。

（8）倒角

①对图形中实体倒斜角。

用 CHAMFER 命令可按指定的距离或角度在一对相交直线上倒斜角，也可对封闭的多段线、正多边形、矩形各直线交点处同时进行倒角，如图 1-3-54 所示。

进入绘制界面方式：

● 单击图标：▱按钮。

● 从下拉菜单选取："修改"→"倒角"。

● 从键盘输入：HAMFER。

输入命令后，选择 D 选项定倒角大小；然后再输入该命令，按提示应答。

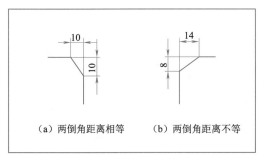
（a）两倒角距离相等　　（b）两倒角距离不等

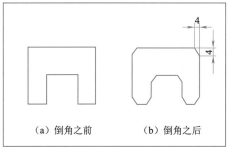
（a）倒角之前　　（b）倒角之后

图 1-3-54　使用倒角命令

②对图形中实体倒圆角

用 FILLET 命令可用一段圆弧光滑连接直线、圆弧或圆等实体，还可用该命令对封闭的二维多段线中的各线段交点倒圆角，如图 1-3-55 所示。

进入绘制界面方式：

● 单击图标：▱按钮。

● 从下拉菜单选取："修改"→"圆角"。

● 从键盘输入：F。

输入命令后，选择 R 选项定圆角大小；然后再输入该命令，按提示应答。

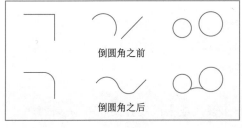

倒圆角之前

倒圆角之后

（a）连接实体

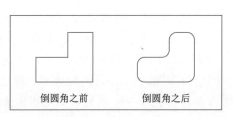
倒圆角之前　　　　倒圆角之后

（b）封闭实体

图 1-3-55　使用圆角命令

（9）光滑连接

用 BLEND 命令可在两条选定直线或开放曲线的间隙处绘制一条样条曲线,以把两线段光滑的连接起来,如图 1-3-56 所示。

进入绘制界面方式:

- 单击图标:⟋⟍按钮。
- 从下拉菜单选取:"修改"→"光顺曲线"。
- 从键盘输入:BLEND。

输入命令后,按提示应答。

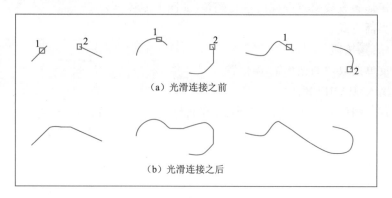

（a）光滑连接之前

（b）光滑连接之后

图 1-3-56　使用光顺曲线命令

（10）分解

用 EXPLODE 命令可将多段线或含多项内容的一个实体分解成若干独立的实体。

进入绘制界面方式:

- 单击图标:▦按钮。
- 从下拉菜单选取:"修改"→"分解"。
- 从键盘输入:EXPLODE。

输入命令后,选择对象(选择要分解的实体)。选择对象(继续选择实体或按〈Enter〉键结束命令)。

（11）编辑多段线

用 PEDIT 命令可编辑多段线,并执行几种特殊的编辑功能以处理多段线的特殊属性。

进入绘制界面方式:

- 从下拉菜单选取:"修改"→"对象"→"多段线"。
- 从键盘输入:PEDIT。

输入命令后,选择多段线或[多条(M)]:(选择多段线、直线或圆弧)。

输入选项包括[闭合(C)/合并(J)/宽度(W)/编辑顶点(E)/拟合(F)/样条曲线(S)/非曲线化(D)/线型生成(L)/反转(R)/放弃(U)]:(选项)。

- "闭合(C)"选项——封闭所选的多段线。
- "合并(J)"选项——将数条头尾相连的非多段线或多段线转换成一条多段线。
- "宽度(W)"选项——改变多段线线宽。
- "编辑顶点(E)"选项——针对多段线某一顶点进行编辑。

- "拟合(F)"选项——将多段线拟合成双圆弧曲线。
- "样条曲线(S)"选项——将多段线拟合成样条曲线。
- "非曲线化(D)"选项——将拟合曲线修成的平滑曲线还原成多段线。
- "线型生成(L)"选项——设置线型图案所表现的方式。
- "反转(R)"选项——将多段线顶点的顺序反转。
- "放弃(U)"选项——撤销命令中上一步的操作。

(12)用特性选项板进行查看和编辑

用 PROPERTIES 命令可查看实体的信息并可全方位地修改单个实体的特性。该命令也可以同时修改多个实体上共有的实体特性。根据所选实体不同,AutoCAD 将分别显示不同内容的"特性"选项板。

进入绘制界面方式:

- 单击图标:▣按钮。
- 从键盘输入:PR。

输入命令后,弹出"特性"选项板,如图 1-3-57 所示。在"键入命令"状态下,选择所要修改的实体,"特性"选项板中将显示所选中实体的有关特性。

在"特性"选项板中修改实体的特性,无论一次修改一个还是多个实体、无论修改哪一种实体,都可归纳为以下两种情况:

- 修改数值选项。
- 修改有下拉列表的选项。

图 1-3-57　"特性"选项板

（13）用特性匹配功能进行特别编辑

所谓特性匹配功能,就是把"源实体"的颜色、图层、线型、线型比例、线宽、文字样式、标注样式和剖面线等特性复制给其他实体。

进入绘制界面方式:

- 单击图标:按钮。
- 从键盘输入:MA。

输入命令后,按提示选择源实体,然后按〈Enter〉键结束,即完成全特性匹配。

若选择源实体后,选择"设置"选项,将弹出"特性设置"对话框,如图 1-3-58 所示。在对话框中将不需复制的特性开关关闭,即完成选择性特性匹配。

图 1-3-58 "特性设置"对话框

（14）用夹点功能进行快速编辑

夹点功能是用与传统的 AutoCAD 修改命令完全不同的方式来快速完成在绘图中常用的 STRETCH（拉压）、MOVE（移动）、ROTATION（旋转）、SCALE（比例缩放）、MIRROR（镜像）命令的操作。AutoCAD 2014 增加了多功能夹点,在任意一个夹点上悬停 AutoCAD 即可显示相关的编辑选项菜单,直接选项操作,可实现拉伸顶点、添加顶点、删除顶点、转换为圆弧（或转换为直线）、拉伸、拉长等快速编辑。

打开夹点功能并在待命状态下选择实体时,在实体的特定点上会出现一些小方框,这些小方框称为实体的夹点。这些夹点是实体本身的一些特征点,如图 1-3-59 所示。

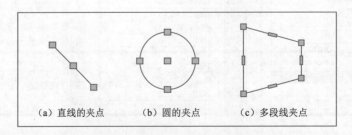

（a）直线的夹点　　　（b）圆的夹点　　　（c）多段线夹点

图 1-3-59 多功能夹点选择

①夹点功能的设置。从下拉菜单选取"工具"→"选项"命令,弹出"选项"对话框,如图 1-3-60 所示。通过"选项"对话框中"选择集"选项卡可进行夹点功能的相关设置。

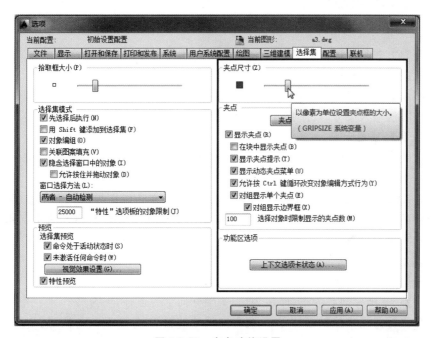

图 1-3-60　夹点功能设置

说明:对话框左侧为"选择集实体模式"区。

②使用夹点功能。要使用夹点功能,首先应在待命状态下选取实体,使实体显示夹点,当光标悬停在某些夹点时,AutoCAD 会显现即时菜单(此为多功能夹点),如图 1-3-61 和图 1-3-62 所示,可在菜单中选项对该夹点进行快速编辑。

同时命令提示区立即弹出一条控制命令:"拉伸",指定拉伸点或[基点(B)/复制(C)/放弃(U)/退出(X)]。

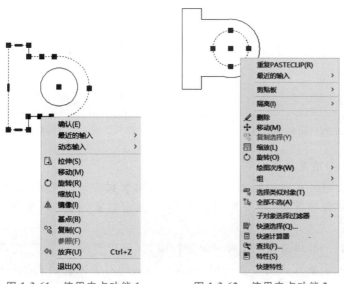

图 1-3-61　使用夹点功能 1　　　图 1-3-62　使用夹点功能 2

提示：在绘制工程图中，用夹点功能来修正点画线的长短非常快捷。

二、工程图基本绘制及应用

(一)直接给距离的绘图方式

直接给距离方式是绘图中确定已知长度线段的最快捷方式。直接给距离方式主要用于绘制直接注出长度尺寸的水平和铅垂线段。

直接给距离方式是通过用鼠标导向，从键盘直接输入相对前一点的距离（即线段长度）绘制图形。用该方法输入尺寸时，应打开"极轴追踪"模式开关进行导向。

(二)给坐标的绘图方式

给坐标方式是绘图中输入尺寸的一种基本方式。本节介绍3种常用输入方法。

1.绝对直角坐标

在 AutoCAD 2014 中，建立新的坐标系非常方便，只需单击绘图界面右上角的 WCS 按钮，选择弹出菜单中的"新 UCS"命令，然后即可在图形中用鼠标直接指定新 UCS 的原点和方向，还可按命令提示选项进行设置。

2.相对直角坐标

相对直角坐标是相对于前一点的直角坐标，其输入形式为"X，Y"。

相对前一点，X 坐标向右为正，向左为负；Y 坐标向上为正，向下为负。

相对直角坐标常用来绘制已知 X、Y 两方向尺寸的斜线，如图 1-3-63 所示。

3.相对极坐标

相对极坐标是相对于前一点的极坐标，是通过指定该点到前一点的距离及与 X 轴的夹角来确定点的。

相对极坐标输入方法为"@距离∠角度"（相对极坐标中，距离与角度之间以"∠"符号相隔）。

相对极坐标在按尺寸绘图时可方便地绘制已知线段长度和角度尺寸的斜线，如图 1-3-64 所示。

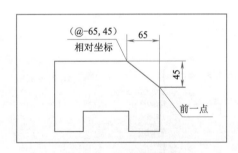

图 1-3-63　相对直角坐标

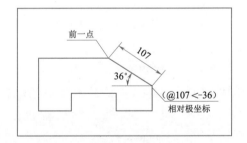

图 1-3-64　相对极坐标

(三)精确定点的绘图方式

对象捕捉是绘图时常用的精确定点方式。对象捕捉方式可把点精确定位到可见实体的某特征点上。对象捕捉有"单一对象捕捉"和"固定对象捕捉"两种方式，两者是配合使用的。

绘制工程图时，一般将常用的几种对象捕捉模式（至少要设"端点""交点""延长线"3 种，多者不要超过 6 种）设置成固定对象捕捉，对偶尔用到的对象捕捉模式使用单一对象捕捉（自定义工作界面中将单一对象捕捉工具栏固定放在绘图区外的下方）。

将图 1-3-65 所示的小圆平移到多边形内,要求小圆圆心与多边形内两条点画线的交点重合。

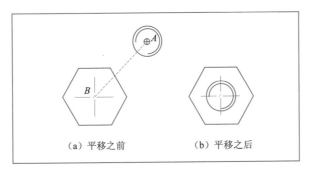

图 1-3-65　小圆平移

(四)"长对正、高平齐"的绘图方式

在 AutoCAD 中综合应用极轴追踪、对象捕捉追踪和固定对象捕捉,可方便地实现视图间"长对正、高平齐"绘图。

极轴追踪可捕捉所设角增量线上的任意点,对象捕捉追踪可捕捉到通过指定点延长线上的任意点。应用极轴追踪和对象捕捉追踪前,应先进行设置。绘图过程如下:

输入命令:

- 右击状态栏中的"极轴"按钮,在弹出的快捷菜单中选择"设置"命令。
- 从下拉菜单中选取:"工具"→"草图设置"命令(单击"极轴追踪")。
- 从键盘输入:DSETTINGS。

输入命令后,弹出"草图设置"对话框的"极轴追踪"选项卡,如图 1-3-66 所示。该对话框中,"启用极轴追踪"复选框用于控制极轴追踪方式的打开与关闭。"极轴角设置"选项用于设置极轴追踪的角度。"对象捕捉追踪设置"选项用于设置对象捕捉追踪的模式。

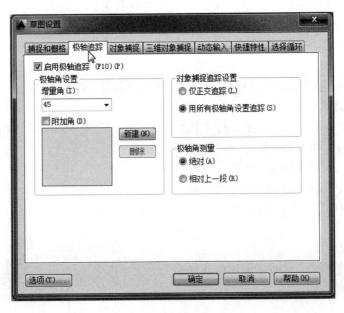

图 1-3-66　极轴追踪

（五）不需计算尺寸的绘图方式

参考追踪方式是在当前坐标系中,追踪其他参考点来确定点的方法。激活参考追踪的常用方法是:从"对象捕捉"工具栏中单击"临时追踪点"按钮或"捕捉自"按钮。

"临时追踪点"按钮用于第一点的追踪,即绘图命令中第一点不直接画出的情况;"捕捉自"按钮用于非第一点的追踪,即绘图命令中第一点或前几点已经画出,后边的点没有直接给尺寸,需要按参考点画出的情况。

当 AutoCAD 要求输入一个点时,就可以激活参考追踪,如图 1-3-67 所示。

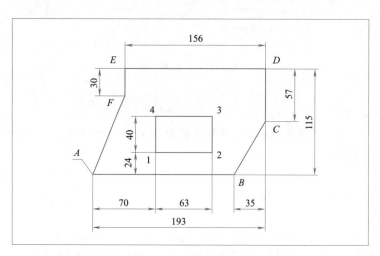

图 1-3-67　临时追踪

在 AutoCAD 绘图中,经常需要了解两点间的距离,或两点间沿 X、Y 方向的距离(即 X 增量、Y 增量),使用 DIST 命令测量任意两点间的距离非常容易。

操作:从下拉菜单中选取"工具"→"查询"→"距离"命令(弹出"测量工具"工具栏输入距离命令更方便),然后按命令行提示依次指定第一个点和第二个点,指定后在命令窗口中将显示这两点的距离和两点间沿 X 和 Y 方向的距离等。

（六）按尺寸绘图实例

1. 尺寸标注基础

工程图中尺寸 4 要素:尺寸界线、尺寸线、尺寸起止符号、尺寸数字。在 AutoCAD 中标注尺寸很容易,可通过选取该线段的两个端点,即尺寸界线的第 1 起点和第 2 起点,然后指定决定尺寸线位置的第 3 点,即可完成标注,如图 1-3-68 所示。工程图中的尺寸标注必须符合制图标准。在 AutoCAD 中标注尺寸,应首先根据制图标准创建所需要的标注样式。标注样式控制尺寸 4 要素。

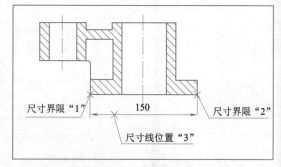

图 1-3-68　尺寸界限

2. 标注样式管理器

用"标注样式管理器"对话框创建标注样式是最直观、最简捷的方法。

输入命令:

● 从下拉菜单选取:"标注"→"标注样式"命令。

● 从键盘输入:DIMSTYLE。

输入命令后,弹出"标注样式管理器"对话框,如图 1-3-69 所示。

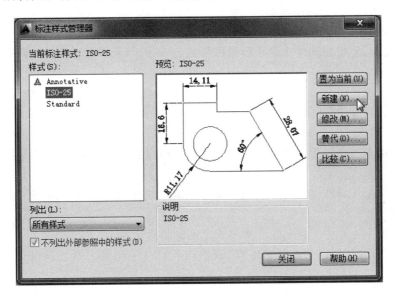

图 1-3-69 "标注样式管理器"对话框

3. 创建新的标注样式

创建新的标注样式应首先理解"新建标注样式"对话框中各选项的含义。单击"标注样式管理器"对话框中的"新建"按钮,弹出"创建新标注样式"对话框。在"创建新标注样式"对话框的"新样式名"文本框中输入标注样式名称,如"直线",单击"继续"按钮,弹出"新建标注样式:直线"对话框,如图 1-3-70 所示。

图 1-3-70 "新建标注样式:直线"对话框

（1）"线"选项卡

"线"选项卡用于控制尺寸界线、尺寸线的标注形式。除"预览"选项区域外，该选项卡中有"尺寸线""尺寸界线"两个选项区域。

（2）"符号和箭头"选项卡

"符号和箭头"用于控制尺寸起止符号的形式与大小、弧长符号的形式、半径折弯标注的折弯角度等。

除"预览"选项区域外，该选项卡中有"箭头""圆心标记""折断标注""弧长符号""半径折弯标注""线性折弯标注"6个选项区域。

（3）"文字"选项卡

"文字"选项卡主要用于选定尺寸数字的样式、设置尺寸数字高度、尺寸数字的位置和对齐方式。

除"预览"选项区域外，该选项卡中有"文字外观""文字位置""文字对齐"3个选项区域。

（4）"调整"选项卡

"调整"选项卡主要用于调整尺寸4要素之间的相对位置。

除"预览"选项区域外，该选项卡中有"调整选项""文字位置""标注特征比例""优化"4个选项区域。

（5）"主单位"选项卡

"主单位"选项卡主要用于设置基本尺寸单位的格式和精度，指定绘图比例（以实现按形体实际大小标注尺寸），并能设置尺寸数字的前缀和后缀。

除"预览"选项区域外，该选项卡中有"线性标注""角度标注"两个选项区域。

（6）"换算单位"选项卡

"换算单位"选项卡主要用于设置换算尺寸单位的格式和精度，以及尺寸数字的前缀和后缀。

各操作项与"主单位"选项卡的同类项基本相同。

（7）"公差"选项卡

"公差"选项卡用于控制尺寸公差标注形式、公差值大小及公差数字的高度及位置，主要用于机械图。

4.创建新标注样式实例

创建新标注样式实例如图1-3-71所示。

"直线"标注样式设置的关键点：

①"线"选项卡中：在"尺寸界线"选项区域，"超出尺寸线"设置为2，"起点偏移量"设置为0。

②"符号和箭头"选项卡中：在"箭头"选项区域，选择"实心闭合箭头"选项，"箭头大小"设置为3。在"弧长符号"选项区域，选择"标注文字的前缀"单选按钮。在"半径标注折弯"选项区域，在"折弯角度"文本框中输入数值30。

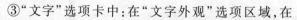

图1-3-71　创建新样式实例

③"文字"选项卡中：在"文字外观"选项区域，在"文字样式"下拉列表中选择"工程图中的数字和字母"文字样式；"文字高度"输入数值3.5。在"文字位置"选项区域，在"垂直"下拉列表中选择"上"，"水平"下拉列表中选择"居中"，"从

尺寸线偏移"设置为1。在"文字对齐"选项区域,选择"与尺寸线对齐"项。

④"调整"选项卡中:在"调整选项"选项区域,选择"箭头"选项。在"文字位置"选项区域,选择"尺寸线旁边"选项。在"优化"选项区域,打开"在尺寸界线之间绘制尺寸线"开关。

⑤"主单位"选项卡中:在"线性标注"选项区域,在"单位格式"下拉列表中选择"小数"(即十进制)选项,在"精度"下拉列表中选择0(如为小数应按需选择)。"比例因子"项应根据当前图的绘图比例输入比例值。

说明:"公差"选项卡只在标注公差时才进行设置,"换算单位"选项卡也只在需要时才进行设置。

5. 标注尺寸的方式

AutoCAD 提供多种标注尺寸的方式,可根据需要进行选择。在标注尺寸时,一般应打开固定对象捕捉和极轴追踪,这样可准确、快速地进行尺寸标注。在绘制工程图进行尺寸标注时,应用图 1-3-72 所示的"标注"工具栏输入标注尺寸方式的各命令是最快捷的方式。

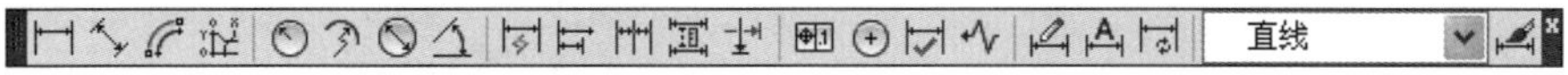

图 1-3-72　"标注"工具栏

(1)标注水平或铅垂方向的线性尺寸

用 DIMLINEAR 命令可标注水平或铅垂方向的线性尺寸。设置所需的标注样式为当前标注样式后,可用该命令标注线性尺寸。

命令提示行:指定尺寸线位置或[多行文字(M)/文字(T)/角度(A)/水平(H)/垂直(V)/旋转(R)]:

各选项的含义如下:

"多行文字"选项:用多行文字编辑器重新指定尺寸数字。

"文字"选项:用单行文字方式重新指定尺寸数字。

"角度"选项:指定尺寸数字的旋转角度。其默认值是0,即字头向上。

"水平"选项:指定尺寸线水平标注(实际可直接拖动)。

"垂直"选项:指定尺寸线铅垂标注(实际可直接拖动)。

"旋转"选项:指定尺寸线与尺寸界线的旋转角度(以原尺寸线为零起点)。

(2)标注弧长尺寸,如图 1-3-73 所示。

输入命令:

● 单击图标: 按钮。

● 从下拉菜单选取:"标注"→"弧长"命令。

● 从键盘输入:DIMARC。

(3)标注坐标尺寸

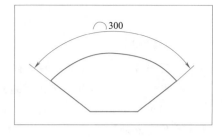

图 1-3-73　标注弧长尺寸

输入命令:

①单击图标: 按钮。

● 从下拉菜单选取:"标注"→"坐标"命令。

● 从键盘输入:DIMORDINATE。

命令的操作:

● 输入命令:(输入命令)。

● 指定点坐标:(选择引线的起点)。

● 指定引线端点或[X 基准(X)/Y 基准(Y)/多行文字(M)/文字(T)/角度(A)]:(指定引线端点或选项)。

(4)标注直径尺寸,如图 1-3-74 所示。

输入命令:

● 单击图标:◙按钮。

● 从下拉菜单选取:"标注"→"直径"命令。

● 从键盘输入:DIMDIAMETER。

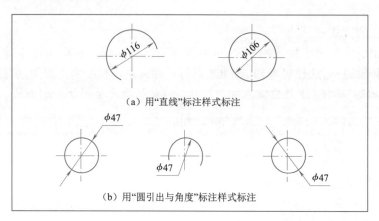

(a)用"直线"标注样式标注

(b)用"圆引出与角度"标注样式标注

图 1-3-74 标注直径尺寸

(5)用"特性"选项板全方位修改尺寸标注

要全方位地修改一个尺寸标注,应使用"特性"命令,该命令不仅能修改所选尺寸标注的颜色、图层、线型,还可修改尺寸数字的内容,并能重新编辑尺寸数字、重新选择标注样式、修改标注样式内容,操作方法同前所述。

标注少数的半剖尺寸,先标注为完整尺寸,再用"特性"命令修改是一种实用的方法。

标注连续的小尺寸,若中间的尺寸起止符号需要设为"小圆点",先用"直线"样式标注尺寸,再用"特性"命令修改也是一种很实用的方法。

※思考与练习

一、填空题

1.用一段直线剪去另一段直线,应该用(   )命令。

2.用(   )命令可方便地绘制 AutoCAD 中所提供的图案剖面线。

3.相对极坐标是相对于前一点的极坐标,是通过(   )到前一点的距离及与 X 轴的夹角来确定点的。

4.(   )方式是在当前坐标系中,追踪其他参考点来确定点的方法。

5.对于图形中任意分布的相同部分,绘图时可只画出一处,其他用(   )命令绘出。

二、判断题

1.(   )正交线是指水平线和竖直线。

2.(   )任何复杂的物体,仔细分析起来,都可看作由若干基本几何体组合而成。

3.(   )在标准制图中,每张图纸都应该画出标题栏,标题栏的位置应位于图样的右下角。

4. (　　)用 SCALE 命令可将选中的实体相对于基点按比例进行放大或缩小,可用给定比例值方式,也可用参照方式。

5. (　　)在 AutoCAD 中线性对象只能用 LINE 命令生成。

三、简答题

1. 简述绘制点和等分线段的过程。

2. 在 AutoCAD 中执行任务的途径一般有哪几种?

3. "对象捕捉"工具栏共有哪几个工具? 简述各工具的用途。

4. 简述绘图过程中的修建和延伸操作。

任务四　学习通信工程概预算编制

📺 任务描述

以某学校建设校园网为例,通过通信工程概算、预算定额结算,学习定额的取费标准,以及通信工程中概算、预算及结算等工作要点,并按规范,进行预算、概算取费、计价,为工程设计打好基础,为整个校园通信网络项目控制费用。

🖐 任务目标

- 掌握工程定额的方法及标准。
- 了解本任务工程勘察收费标准。
- 掌握通信工程工程量计算。
- 掌握通信工程概预算的编制。
- 学会使用通信工程概预算软件。

🤝 任务实施

一、通信建设工程定额

(一)通信工程预算定额

1. 建设工程定额分类

建设工程定额是一个综合概念,是工程建设中各类定额的总称。为了对建设工程定额能有一个全面的了解,可以按照不同的原则和方法对其进行分类。

(1)按建设工程定额反映的物质消耗内容分类

可以把建设工程定额分为劳动消耗定额、材料消耗定额和机械(仪表)消耗定额 3 种。

①劳动消耗定额。简称劳动定额。在施工定额、预算定额、概算定额、概算指标等多种定额中,劳动消耗定额都是其中重要的组成部分。"劳动消耗"在这里仅指活劳动的消耗,而不是活劳动和物化劳动的全部消耗。劳动消耗定额是完成一定的合格产品(工程实体或劳务)规定活

劳动消耗的数量标准。由于劳动消耗定额大多采用工作时间消耗量来计算劳动消耗的数量,所以,劳动消耗定额主要表现形式是时间定额,但同时也表现为产量定额。

②材料消耗定额。简称材料定额,是指完成一定合格产品所需要消耗材料的数量标准。材料是指工程建设中使用的原材料、成品、半成品、构配件等。材料作为劳动对象是构成工程的实体物资,需要数量大,种类繁多,所以材料消耗量多少,消耗是否合理,不仅关系到资源的有效利用,影响市场供求状况,而且对建设工程的项目投资、建筑产品的成本控制都有决定性影响。

③机械(仪表)消耗定额。简称机械(仪表)定额,是指为完成一定合格产品(工程实体或劳务)所规定的施工机械(仪表)消耗的数量标准。机械(仪表)消耗定额的主要表现形式是时间定额,但同时也表现为产量定额。

我国机械(仪表)消耗定额主要是以一台机械(仪表)工作一个工作班(8 小时)为计量单位,所以又称机械台班定额。它和劳动消耗定额一样,是施工定额、预算定额、概算定额、概算指标等多种定额的组成部分。

(2)按定额的编制程序和用途分类

按定额的编制程序和用途可以把建设工程定额分为施工定额、预算定额、概算定额、投资估算指标和工期定额 5 种。

①施工定额。施工定额是施工单位直接用于施工管理的一种定额,是编制施工作业计划、施工预算、计算工料、向班组下达任务书的依据。施工定额主要包括劳动消耗定额、机械(仪表)消耗定额和材料消耗定额 3 部分。施工定额是按照平均先进的原则编制的,它以同一性质的施工过程为对象,规定劳动消耗量、机械(仪表)工作时间(生产单位合格产品所需的机械工作时间,单位用台班表示)和材料消耗量。

②预算定额。预算定额是编制预算时使用的定额,是确定一定计量单位的分部、分项工程或结构构件的人工(工日)、机械(台班)和材料的消耗数量的标准。每一项分部分项工程的定额,都规定有工作内容,以便确定该项定额的适用对象,而定额本身则规定有人工工日数(分等级表示或以平均等级表示)、各种材料的消耗量(次要材料可综合地以价值表示)和机械台班数量等三方面的实物指标。统一预算定额中的预算价值,是以某地区的人工、材料、机械台班预算单价为标准计算的,称为预算基价。基价可供设计、预算比较参考。编制预算时,如不能直接套用基价,则应根据各地的预算单价和定额的工料消耗标准编制地区估价表。

③概算定额。概算定额是编制概算时使用的定额,是确定一定计量单位扩大分部、分项工程的人工、材料和机械台班消耗量的标准,是设计单位在初步设计阶段确定建筑(构筑物)概略价值、编制概算、进行设计方案经济比较的依据。它也可供概略地计算人工、材料和机械(仪表)台班的需要数量,作为编制基建工程主要材料申请计划的依据。其内容和作用与预算定额相似,但项目划分较粗,没有预算定额的准确性高。

④投资估算指标。投资估算指标是在项目建议书可行性研究阶段编制投资估算、计算投资需要量时使用的一种定额。它往往以独立的单项工程或完整的工程项目为计算对象,其概括程度与可行性研究阶段相适应,主要作用是为项目决策和投资控制提供依据。投资估算指标虽然往往根据历史的预算、决算资料和价格变动等资料编制,但其编制基础仍然离不开预算定额和概算定额。

⑤工期定额。工期定额是为各类工程规定的施工期限的定额天数,是评价工程建设速度、编制施工计划、签订承包合同、评价全优工程的可靠依据。它包括建设工期定额和施工工期定

额两个层次。

建设工期是指建设项目或独立的单项工程在建设过程中所耗用的时间总量，一般以月数或天数表示。它是指从开工建设时计起，到全部建成投产或交付使用时为止所经历的时间，但不包括由于计划调整或缓停建设所延误的时间。施工工期一般是指单项工程或单位工程从开工到完工所经历的时间，它是建设工期的一部分。

各类工程所需工期有一个合理的界限，在一定的条件下，工期长短也是有规律性的。工期定额提供了一个评价工期的标准。

工期定额中考虑了季节性施工因素、地区性特点、工程结构和规模、工程用途，以及施工技术与管理水平对工期的影响，是评价工程建设速度、编制施工计划、签订承包合同、评价全优工程的可靠依据。

（3）按主编单位和管理权限分类

按主编单位和管理权限分类，建设工程定额可分为行业定额、地区性定额、企业定额和临时定额4种。

①行业定额。行业定额是各行业主管部门根据其行业工程技术特点及施工生产和管理水平编制的、在本行业范围内使用的定额，如通信建设工程定额。

②地区性定额。地区性定额（包括省、自治区、直辖市定额）是各地区主管部门考虑本地区特点而编制的、在本地区范围内使用的定额。

③企业定额。企业定额是指由施工企业考虑本企业具体情况，参照行业或地区性定额的水平编制的定额，它只在本企业内部使用，是企业素质的标志。企业定额水平一般应高于行业或地区现行施工定额，以满足生产技术发展、企业管理和市场竞争的需要。

④临时定额。临时定额是指随着设计、施工技术的发展，在现行各种定额不能满足需要的情况下，为了补充缺项由设计单位会同建设单位所编制的定额。设计中编制的临时定额只能一次性使用，并需向有关定额管理部门上报备案，作为修、补定额的基础资料。

（4）现行通信建设工程定额的构成

通信建设工程定额有预算定额、费用定额和工期定额。由于现在还没有概算定额，在编制概算时，暂时用预算定额代替。各种定额执行的文本如下：

①通信建设工程预算定额：工信部规（2008）75号《关于发布〈通信建设工程概、预算编制办法〉及相关定额的通知》。

②通信建设工程费用定额：工信部规（2008）75号《关于发布〈通信建设工程概、预算编制办法〉及相关定额的通知》。

③通信建设工程施工机械、仪器仪表台班定额：工信部规（2008）75号《关于发布〈通信建设工程概、预算编制办法〉及相关定额的通知》。

④其他有关文件：有关部门对计价计费的专项规定，如计价格（2002）10号《工程勘察设计收费管理规定》。

2. 建设工程定额的特点

（1）科学性

建设工程定额的科学性包括两重含义：一重含义是指建设工程定额必须和生产力发展水平相适应，反映出工程建设中生产消费的客观规律；另一重含义是指建设工程定额管理在理论、方法和手段上必须科学化，以适应现代科学技术和信息社会发展的需要。

建设工程定额的科学性，首先表现在要用科学的态度制定定额，尊重客观实际，力求定额水平合理；其次表现在制定定额的技术方法上，利用现代科学管理的成就，形成一套系统的、完整的、在实践中行之有效的方法；最后表现为定额制定和贯彻的一体化。

（2）系统性

建设工程定额是相对独立的系统，它是由多种定额结合而成的有机整体，其系统性是由工程建设的特点决定的。按照系统论的观点，工程建设是庞大的实体系统，建设工程定额是为这个实体系统服务的，因而工程建设本身的多种类、多层次决定了以它为服务对象的建设工程定额的多种类、多层次。各类工程的建设都有严格的项目划分，如建设项目、单项工程、单位工程、分部分项工程，在计划和实施过程中有严密的逻辑阶段，如规划、可行性研究、设计、施工、竣工交付使用及投入使用后的维修等。与此相适应必然形成建设工程定额的多种类、多层次。

（3）统一性

建设工程定额的统一性主要是由国家对经济发展的宏观调控职能决定的。为了使国民经济按照既定的目标发展，就需要借助于某些标准、定额、参数等，对工程建设进行规划、组织、调节、控制，而这些标准、定额、参数必须在一定范围内有统一的尺度，才能实现上述职能，才能利用它对项目的决策、设计方案、投标报价、成本控制进行比较、选择和评价。

建设工程定额的统一性按照其影响力和执行范围来看，有全国统一定额、地区性定额和行业定额等；按照定额的制定、颁布和贯彻使用来看，有统一的程序、原则、要求和用途。

（4）权威性和强制性

主管部门通过一定程序审批颁发的建设工程定额，具有很强的权威性，在一些情况下它具有经济法规性质和执行的强制性。建设工程定额的权威性反映统一的意志和统一的要求，也反映信誉和信赖程度；强制性反映刚性约束和定额的严肃性。

建设工程定额的权威性和强制性的客观基础是定额的科学性。只有科学的定额才具有权威性。在市场经济条件下，建设工程定额会涉及各有关方面的经济关系和利益关系，赋予其一定的强制性，对于定额的使用者和执行者来说，可以避开主观的意愿，必须按定额的规定执行。在当前市场不规范的情况下，这种强制性不仅是定额作用得以发挥的有力保障，也有利于理顺工程建设有关各方面的经济关系和利益关系。

（5）稳定性和时效性

任何一种建设工程定额都是一定时期技术发展和管理的反映，因而在一段时期内都表现出稳定的状态，根据具体情况不同，稳定的时间有长有短。保持建设工程定额的稳定性是维护其权威性所必需的，更是有效地贯彻建设工程定额所必需的。

建设工程定额的稳定性是相对的。任何一种定额，都只能反映一定时期的生产力水平，当生产力向前发展了，原有定额就会与已发展的生产力水平不相适应，使得它的作用被逐步弱化以致消失，甚至产生负效应。所以，建设工程定额在具有稳定性特点的同时具有显著的时效性，当定额不再起到促进生产力发展作用时，就要重新编写或修订。

从一段时期来看，定额是稳定的；从长远来看，定额是变动的。

3.通信建设工程预算定额

（1）预算定额的作用

预算定额的作用主要包括以下几点：

①预算定额是编制施工图预算、确定和控制建筑安装工程造价的计价基础。

②预算定额是落实和调整年度建设计划,对设计方案进行技术经济分析比较的依据。

③预算定额是施工企业进行经济活动分析的依据。

④预算定额是编制标底、投标报价的基础。

⑤预算定额是编制概算定额和概算指标的基础。

（2）预算定额的编制方法

为保证预算定额的质量,充分发挥其在通信建设工程中的作用,预算定额的编制应体现通信行业的特点。其具体的编制原则和方法如下:贯彻相关编制原则;贯彻国家和原邮电部关于修编通信建设工程预算定额的相关政策精神,坚持实事求是,做到科学、合理,便于操作和维护;贯彻执行"控制量""量价分离""技普分开"的原则。

①控制量:指预算定额中的人工、主材、机械（仪表）台班的消耗量是法定的,任何单位和个人不得擅自调整。

②量价分离:指预算定额中只反映人工、主材、机械（仪表）台班的消耗量,而不反映其单价,单价由主管部门或造价管理归口单位另行发布。

③技普分开:指凡是由技工操作的工序内容均按技工计取工日,由非技工操作的工序内容均按普工计取工日。对于设备安装工程均按技工计取工日（即普工为零）。对于通信线路（或通信管道）工程按上述相关要求分别计取技工工日、普工工日。

（3）预算定额子目编号规则

定额子目编号由 3 部分组成:第一部分为册名代号,表示通信行业的各个专业,由汉语拼音（字母）缩写组成;第二部分为定额子目所在的章号,由一位阿拉伯数字表示;第三部分为定额子目所在章内的序号,由三位阿拉伯数字表示,如图 1-4-1 所示。例如,TXL1-001 表示通信线路工程预算定额第一章第一子目的"直埋光（电）缆工程施工测量"预算定额。

（4）人工工日及消耗量的确定

预算定额中人工消耗量是指完成定额规定计量单位所需要的全部工序用工量,一般应包括基本用工、辅助用工和其他用工。

①基本用工。由于预算定额是综合性的定额,每个分部、分项定额都综合了数个工序内容,各种工序用工工效应根据施工定额逐项计算,因此完成定额单位产品的基本用工量包括该分项工程中主体工程的用工量和附属于主体工程中各项工程的加工量。

通信工程预算定额项目基本用工的确定有 3 种方法:对于有劳动定额依据的项目,基本用工一般应按劳动定额的时间定额乘以该工序的工程量计算确定;对于无劳动定额可依据的项目,基本用工量的确定是参照现行其他劳动定额通过细算粗编,在广泛征求设计、施工、建设等部门的意见及施工现场调查研究的基础上确定的;对于新增加的定额项目且无劳动定额可供参考的,一般可参考相近的定额项目,

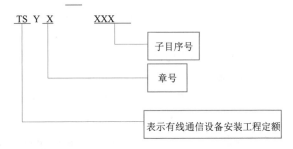

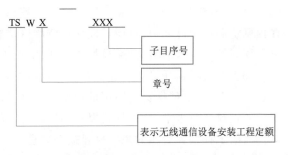

图 1-4-1　定额子目编号

结合新增施工项目的特点和技术要求,先确定施工劳动组织和基本用工过程,根据客观条件和工人实际操作水平确定日进度,然后根据该工序的工程量确定基本用工。

②辅助用工。辅助用工是劳动定额未包括的工序用工量,包括施工现场某些材料临时加工用工和排除一般故障、维持必要的现场安全用工等,是施工生产不可缺少的用工,应以辅助用工的形式列入预算定额。施工现场临时材料加工用工量的计算,一般是按加工材料的数量乘以相应时间定额来确定的。

③其他用工。其他用工是指劳动定额中未包括而在正常施工条件下必然发生的零星用工量,是预算定额的必要组成部分,编制预算定额时必须计算。内容包括:

- 在正常施工条件下各工序间的搭接和工种间的交叉配合所需的停歇时间。
- 施工机械在单位工程之间转移及临时水电线路在施工过程中移动所发生的不可避免的工作停歇时间。
- 工程质量检查与隐蔽工程验收而影响工人操作的时间。
- 场内单位工程之间操作地点的转移,影响工人操作的时间,施工过程中工种之间交叉作业的时间。
- 施工中细小、难以测定、不可避免的工序和零星用工所需的时间等。

其他用工一般按预算定额的基本用工量和辅助用工量之和的 10% 计算。

(5)主要材料及消耗量的确定

预算定额中的材料只反映主材,其辅材费可按费用定额的规定另行计算。

主要材料指在建设安装工程中或产品构成中形成产品实体的各种材料。主要材料的消耗指标是根据编制预算定额时选定的有关图纸、测定的综合工程量数据、主要材料消耗定额、科学实验资料、有关理论计算公式等逐项综合计算得出的,即先算出净用量,再加上损耗量,以实用量列入预算定额。

①主要材料净用量。主要材料净用量是指不包括施工现场运输和操作损耗,完成每一定额计量单位产品所需某种材料的用量,要根据设计规范、施工及验收规范、材料规格、理论公式和编制预算定额时测定的有关工程量数据等综合进行计算。

②周转性材料摊销量。周转性材料摊销量是指施工过程中多次周转使用的材料。此种材料每次施工完成之后还可以再次使用,但在每次用过之后必然发生一定的损耗,经过若干次使用之后,报废或仅剩残值。因此,这种材料要以一定的摊销量分摊到部分分项工程预算定额中。例如,水底电缆敷设船只组装、机械顶钢管、管道沟挡土板所用木材等,一般按周转 10 次摊销。在预算定额编制过程中,对周转性材料应严格控制周转次数,以促进施工企业合理使用材料,充分发挥周转性材料的潜力,减少材料损耗,降低工程成本。

③主要材料损耗量。主要材料损耗量指材料在施工现场运输和生产操作过程中不可避免的合理损耗量,要根据材料净用量和相应的材料损耗率计算。材料损耗量的大小直接影响预算定额的材料消耗水平,所以材料损耗率的确定与材料损耗量的计算是编制预算定额中的关键问题。通信工程预算定额的主要材料损耗率是按合格的原材料,在正常施工条件下,以合理的施工方法,结合现行定额水平综合取定的。

(6)施工机械台班及消耗量的确定

通信工程中凡是可以计取台班的施工机械,定额子目中均给定了台班消耗量。预算定额中施工机械台班消耗量标准,包括完成定额计量单位产品所需要的各种施工机械的台班数量。所谓机械台班数量是指以一台施工机械一天(8小时)完成合格产品数量作为台班产量定额,再以一定的机械幅度差来确定单位产品所需要的机械台班量。基本用量的计算公式为:

$$预算定额中施工机械台班消耗量 = \frac{某单位合格产品数量}{每台班产量定额 \times 机械幅度差系数}$$

或

$$预算定额中施工机械台班消耗量 = \frac{1}{每台班产量}$$

4. 现行通信建设工程预算定额的构成

现行通信建设工程预算定额由总说明、册说明、章节说明、定额项目表和附录构成。通信建设工程预算定额(以下简称本定额)系通信行业标准,本定额按通信专业工程分册,包括:

- 第一册:通信电源设备安装工程(册名代号 TSD)。
- 第二册:有线通信设备安装工程(册名代号 TSY)。
- 第三册:无线通信设备安装工程(册名代号 TSW)。
- 第四册:通信线路工程(册名代号 TXL)。
- 第五册:通信管道工程(册名代号 TGD)。
- 无源光网络(PON)等通信建设工程补充定额。
- 住宅区和住宅建筑内光纤到户通信设施工程预算定额。

定额是编制通信建设项目投资估算指标、概算、预算和工程量清单的基础,也可作为通信建设项目招标、投标报价的基础。

通信电源设备安装工程预算定额如表 1-4-1 所示。

表 1-4-1 通信电源设备安装工程预算定额

序号	项目名称	内容构成
1	安装与调试高、低压供电设备	安装与调试高压供电设备
		安装与调试变压器
		安装与调试低压配电设备
		安装与调试直流操作电源屏
		安装与调试控制设备
		安装端子箱、端子板及外部接线
2	安装与调试发电机设备	安装发电机组
		安装发电机组体外配套设施
		发电机输油管道敷设、连接及保护
		发电机系统调试
		安装与调试风力发电机
3	安装交直流电源设备,不间断电源设备及配套装置	安装电池组及附属设备
		安装太阳能电池
		安装与测试交流不间断电源
		安装开关电源设备
		安装配电、换流设备
		无人值守供电系统联测

续表

序号	项目名称	内容构成
4（公用）	敷设电源母线、电力电缆终端制作	制作、安装铜电源母线
		安装低压封闭式插接母线槽
		布放电力电缆
		制作、安装电力电缆端头
		布放控制电缆
		挖填电缆沟、开挖路面、铺砂盖砖（板）
5（公用）	接地装置	制作安装接地极、板
		敷设接地母线及测试接地网电阻
6（公用）	安装附属设施及其他	安装电源桥架
		安装电源支撑架、吊挂
		安装附属设施

有线设备工程定额如表1-4-2所示。

表1-4-2　有线设备工程定额

序号	项目名称	内容构成
1（公用）	安装机架、缆线及辅助设备	安装电缆槽道、走线架、机架、列柜
		安装列架照明、机台照明、机房信号灯盘
		安装保安配线箱
		安装配线架
		布放设备缆线、软光纤
		安装防护加固设备及辅助终端设备
2	安装、调试光纤数字传输设备	安装测试数字传输设备（PDH）
		安装测试数字传输设备（SDH、DXC）
		安装测试波分复用设备（WDM）
		安装测试再生中继及远供电源设备
		安装与调试网络管理系统设备
		调测系统通道
		安装测试同步网设备
3	安装、调测程控交换设备	安装程控交换设备
		调测程控交换设备
		安装、调测交换附属设备
		调测用户交换机（PAB）
		调测智能网设备
		安装、调测信令网设备
4	安装、调测数据通信设备	安装调测数字通信网络设备
		安装调测服务器、调制解调器
		安装调测网络安全设备
		安装调试数据存储设备

无线设备工程定额如表 1-4-3 所示。

表 1-4-3　无线设备工程定额

序号	项目名称	内容构成
1（公用）	安装机架、缆线及辅助设备	安装室内外缆线走道
		安装机架（柜）、配线架（箱）、附属设备
		布放设备缆线
		安装防护加固设备
2	安装移动通信设备	安装调测移动通信天线、馈线
		安装调测基站设备
		联网调测
3	安装微波通信设备	安装调测微波天馈线
		安装调测数字微波设备
		微波系统调测
		安装调测一点多址数字微波设备
		安装调测视频传输设备
4	安装卫星地球站设备	安装调测卫星地球站天线、馈线系统
		安装调测卫星地球站设备
		地球站设备系统调测
		安装调测 VSAT 卫星地球站设备

通信线路工程定额如表 1-4-4 所示。

表 1-4-4　通信线路工程定额

序号	项目名称	内容构成
1（公用）	施工测量与开挖路面	施工测量
		开挖路面
2	敷设埋式光（电）缆	挖、填光（电）缆沟及接头坑
		敷设埋式光（电）缆
		埋式光（电）缆保护与防护
		敷设水底光缆
3	敷设架空光（电）缆	立杆
		安装拉线
		安装吊线
		架设光（电）缆
4	敷设管道及其他光（电）缆	敷设管道光（电）缆
		打墙洞、安装支撑物、引上管及保护设施
		引上光（电）缆
		墙壁光（电）缆
		敷设室内通道电缆
		槽道（地槽）、顶棚内布放光（电）缆
		布放成端电缆

本定额适用于新建、扩建工程,改建工程可参照使用。本定额用于扩建工程时,其扩建施工降效部分的人工工日按乘以系数 1.1 计取,拆除工程的人工工日计取办法见各册的相关内容。本定额以现行通信工程建设标准、质量评定标准、安全操作规程为编制依据;在 1995 年 9 月 1 日原邮电部发布的《通信建设工程预算定额》及补充定额的基础上(不含邮政设备安装工程),经过对分项工程计价消耗量再次分析、核定后编制,并增补了部分与新业务、新技术有关的工程项目的定额内容。本定额按符合质量标准的施工工艺、机械(仪表)装备、合理工期及劳动组织的条件制订。

(1)本定额的编制条件

①设备、材料、成品、半成品、构件符合质量标准和设计要求。

②通信各专业工程之间、与土建工程之间的交叉作业正常。

③施工安装地点、建筑物、设备基础、预留孔洞均符合安装要求。

④正常气候、水电供应等应满足正常施工要求。

(2)本定额的内容

本定额根据量价分离的原则,只反映人工、材料、施工机械、施工仪表的消耗量。

①人工:

● 本定额人工的分类为技术工和普通工。

● 本定额的人工消耗量包括基本用工、辅助用工和其他用工。基本用工:完成分项工程和附属工程定额实体单位产品的加工量。辅助用工:定额中未说明的工序用工量,包括施工现场某些材料临时加工、排除故障、维持安全生产的用工量。其他用工:定额中未说明的而在正常施工条件下必然发生的零星用工量,包括工序间搭接、工种间交叉配合、设备与器材施工现场转移、施工现场机械(仪表)转移、质量检查配合,以及不可避免的零星用工量。

②材料:

● 本定额中的材料长度,凡未注明计量单位者均为毫米(mm)。

● 本定额中的材料消耗量包括直接用于安装工程中的主要材料使用量和规定的损耗量;规定的损耗量指施工运输、现场堆放和生产过程中不可避免的合理损耗量。

● 施工措施性消耗部分和周转性材料按不同施工方法、不同材质分别列出一次使用量和一次摊销量。

● 本定额仅计列直接构成工程实体的主要材料,辅助材料的计算方法按的相关规定计列。定额子目中注明由设计计列的材料,设计时应按实计列。

● 本定额不含施工用水、电、蒸汽等费用;此类费用在设计概、预算中根据工程实际情况在建筑安装工程费中按实计列。

③施工机械:

● 本定额的施工机械消耗量是按正常合理的机械配备综合取定的。

● 施工机械单位价值在 2 000 元以上,构成固定资产的列入本定额的机械台班。

● 施工机械单价参照有关部门动态发布的《通信建设工程施工机械、仪表台班定额》。

④施工仪表:

● 本定额的施工机械(仪表)台班消耗量是按通信建设标准规定的测试项目及指标要求综合取定的。

● 施工仪表单位价值在 2 000 元以上,构成固定资产的列入本定额的仪表台班。

● 施工仪表单价参照有关部门动态发布的《通信建设工程施工机械、仪表台班定额》。

（3）定额子目编号

定额子目编号由 3 部分组成：第一部分为册名代号，表示通信行业的各个专业，由汉语拼音（字母）缩写组成；第二部分为定额子目所在的章号，由一位阿拉伯数字表示；第三部分为定额子目所在章内的序号，由三位阿拉伯数字表示。

（4）定额适用情况

本定额适用于海拔高程 2 000 m 以下，地震烈度为 7 度以下地区，超过上述情况时，按有关规定处理。

（5）定额调整

在以下的地区施工时，定额按下列规则调整：

①高原地区施工时，本定额人工工日、机械台班量乘以表 1-4-5 列出的系数。

②原始森林地区（室外）及沼泽地区施工时人工工日、机械台班消耗量乘以系数 1.30。

③非固定沙漠地带，进行室外施工时，人工工日乘以系数 1.10。

④其他类型的特殊地区按相关部门规定处理。

表 1-4-5　高原地区调整系数

海拔高程（m）		2 000 以上	3 000 以上	4 000 以上
调整系数	人工	1.13	1.30	1.37
	机械	1.29	1.54	1.84

以上 4 类特殊地区若在施工中同时存在两种以上情况时，只能参照较高标准计取一次，不应重复计列。

本定额中注有"××以内"或"××以下"者均包括××本身；"××以外"或"××以上"者则不包括××本身。

本说明未尽事宜，详见各专业册章节和附注说明。

（5）分册说明

通信建设工程预算定额包括 5 册，各册说明阐述该册的内容、编制基础和使用该册应注意的问题及有关规定等。以第 4 册《通信线路工程》为例，其册说明如下：

《通信线路工程》预算定额适用于通信光（电）缆的直埋、架空、管道、海底等线路的新建工程。当通信线路工程工规模较小时，人工工日以总工日为基数按下列规定系数进行调整：

①工程总工日在 100 工日以下时，增加 15%。

②工程总工日在 100～250 工日之间时，增加 10%。

本定额带有括号和以分数表示的消耗量，系供设计选用，"＊"表示由设计确定其用量。本定额拆除工程，不单立子目，发生时按表 1-4-6 规定执行。

表 1-4-6　拆除工程调整系数

序号	拆除工程内容	占新建工程定额的百分比（%）	
		人工工日	机械台班
1	光（电）缆（不需要清理入库）	40	100
2	埋式光（电）缆（清理入库）	100	100

续表

序号	拆除工程内容	占新建工程定额的百分比(%)	
		人工工日	机械台班
3	管道光(电)缆(清理入库)	90	90
4	成端电缆(清理入库)	40	40
5	架空、墙壁、室内、通道、槽道、引上光(电)缆(清理入库)	70	70
6	线路工程各种设备及除光(电)缆外的其他材料(清理入库)	60	60
7	线路工程各种设备及除光(电)缆外的其他材料(不清理入库)	30	30

各种光(电)缆工程量计算时,应考虑敷设的长度和设计中规定的各种预留长度。

敷设光缆定额中,光时域反射仪(OTDR)台班量是按单窗口测试取定的,如需双窗口测试时,其人工和仪表定额分别乘以 1.8 的系数。

(二)通信工程费用定额

通信建设工程项目总费用是由各单项工程总费用构成的,如图 1-4-2 所示。各单项工程总费用由工程费、工程建设其他费、预备费、建设期利息 4 部分构成。

1. 工程费

建筑安装工程费由直接费、间接费、利润和税金组成。

(1)直接费

直接费由直接工程费、措施费构成。直接工程费是指施工过程中耗用的构成工程实体和有助于工程实体形成的各项费用,包括人工费、材料费、机械使用费、仪表使用费。

①直接工程费。

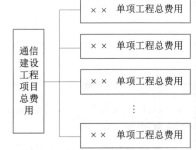

图 1-4-2 通信费用构成

a. 人工费:指直接从事建筑安装工程施工的生产人员开支的各项费用。内容包括基本工资、工资性补贴、辅助工资、职工福利费、劳动保护费。

人工费计费标准及计算规则如下:

• 通信建设工程不分专业和地区工资类别,综合取定人工费。人工费单价为:技工为 48 元/工日,普工为 19 元/工日。

• 概(预)算人工费 = 技工费 + 普工费。

• 概(预)算技工费 = 技工单价 × 概(预)算技工总工日。

• 概(预)算普工费 = 普工单价 × 概(预)算普工总工日。

b. 材料费。材料费计费标准及计算规则如下:

• 材料费 = 主要材料费 + 辅助材料费。

• 主要材料费 = 材料原价 + 运杂费 + 运输保险费 + 采购及保管费 + 采购代理服务费。

• 辅助材料费 = 主要材料费 × 辅助材料费系数。

其中,材料原价为供应价或供货地点价。

运杂费:编制概算时,除水泥及水泥制品的运输距离按 500 km 计算之外,其他类型的材料运输距离按 1 500 km 计算。

运杂费 = 材料原价 × 器材运杂费费率(见表 1-4-7)。

表 1-4-7　器材运杂费费率表　　　　　　　　　　　（％）

运距 L(km)	器材					
	光缆	电缆	塑料及塑料制品	木材及木制品	水泥及水泥构件	其他
$L \leqslant 100$	1.0	1.5	4.3	8.4	18.0	3.6
$100 < L \leqslant 200$	1.1	1.7	4.8	9.4	20.0	4.0
$200 < L \leqslant 300$	1.2	1.9	5.4	10.5	23.5	4.5
$300 < L \leqslant 400$	1.3	2.1	5.8	11.5	24.5	4.8
$400 < L \leqslant 500$	1.4	2.4	6.5	12.5	27.0	5.4
$500 < L \leqslant 750$	1.7	2.6	6.7	14.7	—	6.3
$750 < L \leqslant 1\,000$	1.9	3.0	6.9	16.8	—	7.2
$1\,000 < L \leqslant 1\,250$	2.2	3.4	7.2	18.9	—	8.1
$1\,250 < L \leqslant 1\,500$	2.4	3.8	7.5	21.0	—	9.0
$1\,500 < L \leqslant 1\,750$	2.6	4.0	—	22.4	—	9.6
$1\,750 < L \leqslant 2\,000$	2.8	4.3	—	23.8	—	10.2
$L > 2\,000$ km 每增 250 km 增加	0.2	0.3	—	1.5	—	0.6

运输保险费：

运输保险费 = 材料原价 × 保险费率 0.1%。

采购及保管费：采购及保管费 = 材料原价 × 采购及保管费费率（见表 1-4-8）。

采购代理服务费按实计列。

表 1-4-8　采购及保管费费率表

工程名称	计算基础	费率(%)
通信设备安装工程	材料原价	1.0
通信线路工程		1.1
通信管道工程		3.0

辅助材料费：

辅助材料费 = 主要材料费 × 辅助材料费费率（见表 1-4-9）。

凡由建设单位提供的利旧材料，其材料费不计入工程成本。

表 1-4-9　辅助材料费费率表

工程名称	计算基础	费率(%)
通信设备安装工程	主要材料费	3.0
电源设备安装工程		5.0
通信线路工程		0.3
通信管道工程		0.5

c. 机械使用费：指施工机械作业所发生的机械使用费以及机械安拆费。内容包括折旧费、大修理费、经常修理费、安拆费、人工费、燃料动力费、养路费及车船使用税。

机械使用费计费标准及计算规则如下：

概（预）算机械台班量＝定额台班量×工程量；

机械使用费＝机械台班单价×概（预）算机械台班量。

d.仪表使用费：指施工作业所发生的属于固定资产的仪表使用费。内容包括折旧费、经常修理费、年检费、人工费。

机械使用费计费标准及计算规则如下：

概（预）算仪表台班量＝定额台班量×工程量；

仪表使用费＝仪表台班单价×概（预）算仪表台班量。

②措施费：指为完成工程项目施工，发生于该工程前和施工过程中非工程实体项目的费用。内容包括环境保护费、文明施工费、工地器材搬运费、工程干扰费、工程点交、场地清理费，临时措施费等。

a.环境保护费：指施工现场为达到环保部门要求所需要的各项费用。其计费标准及计算规则为：

环境保护费＝人工费×环境保护费费率（见表 1-4-10）。

表 1-4-10　环境保护费费率表

工程名称	计算基础	费率（％）
无线通信设备安装工程	人工费	1.20
通信线路工程、通信管道工程		1.50

b.文明施工费：指施工现场文明施工所需要的各项费用。其计费标准及计算规则为：

文明施工费＝人工费×费率（1.0％）。

c.工地器材搬运费：指由工地仓库（或指定地点）至施工现场转运器材而发生的费用。其计费标准及计算规则为：

工地器材搬运费＝人工费×工地器材搬运费费率（见表 1-4-11）。

表 1-4-11　工地器材搬运费费率表

工程名称	计算基础	费率（％）
通信设备安装工程		1.3
通信线路工程	人工费	5.0
通信管道工程		1.6

d.工程干扰费：指通信线路工程、通信管道工程由于受市政管理、交通管制、人流密集、输配电设施等影响工效的补偿费用。其计费标准及计算规则为：

工程干扰费＝人工费×工程干扰费费率（见表 1-4-12）。

表 1-4-12　工程干扰费费率表

工程名称	计算基础	费率（％）
通信线路工程、通信管道工程（干扰地区）	人工费	6.0
移动通信基站设备安装工程		4.0

注：干扰地区指城区、高速公路隔离带、铁路路基边缘等施工地带；综合布线工程不计取。

e.工程点交、场地清理费：指按规定编制竣工图及资料、工程点交、施工场地清理等发生的费用。其计费标准及计算规则为：

工程点交、场地清理费 = 人工费 × 工程点交、场地清理费费率（见表1-4-13）。

表1-4-13　工程点交、场地清理费费率表

工程名称	计算基础	费率（%）
通信设备安装工程	人工费	3.5
通信线路工程		5.0
通信管道工程		2.0

f. 临时设施费：指施工企业为进行工程施工所必须设置的生活和生产用的临时建筑物、构筑物及其他临时设施费用等。

临时设施费用包括临时设施的租用或搭设、维修、拆除费或摊销费。其计费标准及计算规则为：

临时设施费按施工现场与企业的距离划分为35 km以内、35 km以外两档。

临时设施费 = 人工费 × 临时设施费费率（见表1-4-14）。

表1-4-14　临时设施费费率表

工程名称	计算基础	费率（%）	
		距离≤35 km	距离>35 km
通信设备安装工程	人工费	6.0	12.0
通信线路工程	人工费	5.0	10.0
通信管道工程	人工费	12.0	15.0

注：如果建设单位无偿提供临时设施则不计此费用。

g. 工程车辆使用费：指工程施工中接送施工人员、生活用车等（含过路、过桥）费用。其计费标准及计算规则为：

工程车辆使用费 = 人工费 × 工程车辆使用费费率（见表1-4-15）。

表1-4-15　工程车辆使用费费率表

工程名称	计算基础	费率（%）
无线通信设备安装工程、通信线路工程	人工费	6.0
有线通信设备安装工程、通信电源设备安装工程、通信管道工程		2.6

h. 夜间施工增加费：指因夜间施工所发生的夜间补助费、夜间施工降效、夜间施工照明设备摊销及照明用电等费用。其计费标准及计算规则为：

夜间施工增加费 = 人工费 × 夜间施工增加费费率（见表1-4-16）。

表1-4-16　夜间施工增加费费率表

工程名称	计算基础	费率（%）
通信设备安装工程	人工费	2.0
通信线路工程（城区部分）、通信管道工程		3.0

注：此项费用不考虑施工时段均按相应费率计取。

i.冬雨季施工增加费:指在冬雨季施工时所采取的防冻、保温、防雨等安全措施及工效降低所增加的费用。其计费标准及计算规则为:

冬雨季施工增加费=人工费×冬雨季施工增加费费率(见表1-4-17)。

表1-4-17　冬雨季施工增加费费率表

工程名称	计算基础	费率(%)
通信设备安装工程(室外天线、馈线部分)	人工费	2.0
通信线路工程、通信管道工程		

注:①此项费用不分施工所处季节均按相应费率计取。

②综合布线工程不计取。

j.生产工具用具使用费:指施工所需的不属于固定资产的工具用具等的购置、摊销、维修费。其计费标准及计算规则为:

生产工具用具使用费=人工费×生产工具用具使用费费率(见表1-4-18)。

表1-4-18　生产工具用具使用费费率表

工程名称	计算基础	费率(%)
通信设备安装工程	人工费	2.0
通信线路工程、通信管道工程		3.0

k.施工用水电蒸汽费:指施工生产过程中使用水、电、蒸汽所发生的费用。在编制概预算时,通信线路、通信管道工程依照施工工艺要求按实计列施工用水电蒸汽费。

l.特殊地区施工增加费:指在原始森林地区、海拔2 000 m以上高原地区、化工区、核污染区、沙漠地区、山区无人值守站等特殊地区施工所需增加的费用。其计费标准及计算规则为:

各类通信工程按3.20元/工日标准,计取特殊地区施工增加费。

特殊地区施工增加费=概(预)算总共日×3.20元/工日。

m.已完工程及设备保护费:指竣工验收前,对已完工程及设备进行保护所需的费用。其计费标准及计算规则为:

承包人依据工程发包的内容范围报价,经业主确认计取已完工程及设备保护费。

n.运土费:指直埋光(电)缆、管道工程施工,需从远离施工地点取土及必须向外倒运出土方所发生的费用。其计费标准及计算规则为:

通信线路(城区部分)、通信管道工程根据市政管理要求,按实计取运土费,计算依据参照地方标准。

o.施工队伍调遣费:指因建设工程的需要,应支付施工队伍的调遣费用。内容包括调遣人员的差旅费、调遣期间的工资、施工工具与用具等的运费。其计费标准及计算规则为:

● 施工队伍调遣费按调遣费定额计算。

● 施工现场与企业的距离在35 km以内时,不计取此项费用。

● 施工队伍调遣费=单程调遣费定额×调遣人数

p.大型施工机械调遣费:指大型施工机械调遣所发生的运输费用。一般本地网的通信工程不计取此费用。

在编制概预算时,应按工程需要的机械计算大型机械总吨位,大型施工机械调遣吨位见表1-4-19。

大型施工机械的调遣,按每吨单程公里0.62元计算。其计费标准及计算规则为:

型施工机械调遣费=2×单程运价×调遣运距×总吨位。

表1-4-19　大型施工机械调遣吨位

机械名称	吨位	机械名称	吨位
光缆接续车	4	水下光(电)缆沟挖冲机	6
光(电)缆拖车	5	液压顶管机	5
微管微缆气吹设备	6	微控钻孔敷管设备	25 t以下
气流敷设吹缆设备	8	微控钻孔敷管设备	25 t以上

(2)间接费

间接费由规费、企业管理费构成。

①规费:指政府和有关部门规定必须缴纳的费用。包括:工程排污费、社会保障费、住房公积金和危险作业意外伤害保险。

a.工程排污费指施工现场按规定缴纳的工程排污。其计费标准及计算规则按施工所在地政府部门相关规定执行。

b.社会保障费:

● 养老保险费:指企业按规定标准为职工缴纳的基本养老保险费。

● 失业保险费:指企业按照国家规定标准为职工缴纳的失业保险费。

● 医疗保险费:指企业按照规定标准为职工缴纳的基本医疗保险费。

其计费标准及计算规则为:

社会保障费=人工费×社会保障费费率(见表1-4-20)。

c.住房公积金:指企业按照规定标准为职工缴纳的住房公积金。其计费标准及计算规则为:

住房公积金=人工费×住房公积金费率(见表1-4-20)。

d.危险作业意外伤害保险:指企业为从事危险作业的建筑安装施工人员支付的意外伤害保险费。其计费标准及计算规则为:

危险作业意外伤害保险=人工费×危险作业意外伤害保险费率(见表1-4-20)。

表1-4-20　规费费率表

费用名称	工程名称	计算基础	费率(%)
社会保障费	各类通信工程	人工费	26.81
住房公积金			4.19
危险作业意外伤害保险			1

②企业管理费计费标准及计算规则为:

企业管理费=人工费×企业管理费费率(见表1-4-21)。

表 1-4-21 企业管理费费率表

工程名称	计算基础	费率(%)
通信线路工程、通信设备安装工程	人工费	30.0
通信管道工程		25.0

（3）利润

利润指施工企业完成所承包工程获得的赢利。其计费标准及计算规则为：

利润 = 人工费 × 利润费率（见表 1-4-22）。

表 1-4-22 利润计算表

工程名称	计算基础	利润费率(%)
通信线路工程、通信设备安装工程	人工费	18.0
通信管道工程		15.0

（4）税金

税金指按国家税法规定应计入建筑安装工程造价内的营业税、城市维护建设税及教育费附加。其计费标准及计算规则为：

税金 =（直接费 + 间接费 + 利润）× 税率（见表 1-4-23）。

表 1-4-23 税率表

工程名称	计算基础	税率(%)
各类通信工程	直接费 + 间接费 + 利润	3.41

注：通信线路工程计取税金时将光缆、电缆的预算价从直接工程费中核减。

设备、工器具购置费：指根据设计提出的设备（包括必需的备品备件）、仪表、工器具清单，按设备原价、运杂费、采购及保管费、运输保险费和采购代理服务费计算的费用。其计费标准及计算规则为：

设备、工器具购置费 = 设备原价 + 运杂费 + 运输保险费 + 采购及保管费 + 采购代理服务费

式中，设备原价指供应价或供货地点价；运杂费 = 设备原价 × 设备运杂费费率（见表 1-4-24）；运输保险费 = 设备原价 × 保险费费率 0.4%；

采购及保管费 = 设备原价 × 采购及保管费费率（见表 1-4-25）；

表 1-4-24 设备运杂费费率表

运输里程 L(km)	取费基础	费率(%)	运输里程 L(km)	取费基础	费率(%)
$L \leqslant 100$	设备原价	0.8	$1\ 000 < L \leqslant 1\ 250$	设备原价	2
$100 < L \leqslant 200$	设备原价	0.9	$1\ 250 < L \leqslant 1\ 500$	设备原价	2.2
$200 < L \leqslant 300$	设备原价	1	$1\ 500 < L \leqslant 1\ 750$	设备原价	2.4
$300 < L \leqslant 400$	设备原价	1.1	$1\ 750 < L \leqslant 2\ 000$	设备原价	2.6
$400 < L \leqslant 500$	设备原价	1.2	$L > 2\ 000$ km 时，每增加 250 km 增加	设备原价	0.1
$500 < L \leqslant 750$	设备原价	1.5			
$750 < L \leqslant 1\ 000$	设备原价	1.7	—	—	—

表 1-4-25　采购及保管费费率表

工程名称	计算基础	费率(%)
需要安装的设备	设备原价	0.82
不需要安装的设备(仪表、工器具)		0.41

注：采购代理服务费按实计列；引进设备(材料)的国外运输费、国外运输保险费、关税、增值税、外贸手续费、银行财务费、国内运杂费、国内运输保险费、引进设备(材料)国内检验费、海关监管手续费等按引进货价计算后进入相应的设备材料费中。单独引进软件不计关税只计增值税。

2. 工程建设其他费

工程建设其他费指应在建设项目的建设投资中开支的固定资产其他费用、无形资产费用和其他资产费用。

(1)建设用地及综合赔补费

建设用地及综合赔补费指按照《中华人民共和国土地管理法》等规定，建设项目征用土地或租用土地应支付的费用。内容包括：

①土地征用及迁移补偿费。

②征用耕地按规定一次性缴纳的耕地占用税。

③建设单位租用建设项目土地使用权而支付的租地费用。

④建设单位因建设项目期间租用建筑设施、场地费用，以及因项目施工造成所在地企事业单位或居民的生产、生活干扰而支付的补偿费用。

计费标准及计算规则：

①根据应征建设用地面积、临时用地面积，按建设项目所在省、市、自治区人民政府制定颁发的土地征用补偿费、安置补助费标准和耕地占用税、城镇土地使用税标准计算。

②建设用地上的建(构)筑物如需迁建，其迁建补偿费应按迁建补偿协议计列或按新建同类工程造价计算。

(2)建设单位管理费

建设单位管理费指建设单位发生的管理性质的开支。包括差旅交通费、工具用具使用费、固定资产使用费、必要的办公及生活用品购置费、必要的通信设备及交通工具购置费、零星固定资产购置费、招募生产工人费、技术图书资料费、业务招待费、设计审查费、合同契约公证费、法律顾问费、咨询费、完工清理费、竣工验收费、印花税和其他管理性质开支。

如果成立筹建机构，建设单位管理费还应包括筹建人员工资类开支。

计费标准及计算规则：

①参照财政部财建〔2002〕394 号《基建财务管理规定》执行。

②建设单位管理费总额控制数费率见表 1-4-26。

③如建设项目采用工程总承包方式，其总包管理费由建设单位与总包单位根据总包工作范围在合同中商定、从建设单位管理费中列支。

(3)可行性研究费

可行性研究费指在建设项目前期工作中，编制和评估项目建议书(或预可行性研究报告)、可行性研究报告所需的费用。小型通信工程一般不发生此费用。

表 1-4-26　建设单位管理费总额控制数费率表　　　　　　　单位:万元

工程总概算	费率(%)	算例	
		工程总概算	建设单位管理费
1 000 以下	1.5	1 000	$1\ 000 \times 1.5\% = 15$
1 001～5 000	1.2	5 000	$15 + (5\ 000 - 1\ 000) \times 1.2\% = 63$
5 001～10 000	1.0	10 000	$63 + (10\ 000 - 5\ 000) \times 1.0\% = 113$
10 001～50 000	0.8	50 000	$113 + (50\ 000 - 10\ 000) \times 0.8\% = 433$
50 001～100 000	0.5	100 000	$433 + (100\ 000 - 50\ 000) \times 0.5\% = 683$
100 001～200 000	0.2	200 000	$683 + (200\ 000 - 100\ 000) \times 0.2\% = 883$
200 000 以上	0.1	280 000	$883 + (280\ 000 - 200\ 000) \times 0.1\% = 963$

计费标准及计算规则:

参照《国家计委关于印发〈建设项目前期工作咨询收费暂行规定〉的通知》(计投资〔1999〕1283 号)的规定。

(4)研究试验费

研究试验费指为本建设项目提供或验证设计数据、资料等进行必要的研究试验及按照设计规定在建设过程中必须进行试验、验证所需的费用。

计费标准及计算规则:

①根据建设项目研究试验内容和要求进行编制。

②研究试验费不包括以下项目:

● 应由科技三项费用(即新产品试制费、中间试验费和重要科学研究补助费)开支的项目。

● 应在建筑安装费用中列支的施工企业对材料、构件进行一般鉴定、检查所发生的费用及技术革新的研究试验费。

● 应由勘察设计费或工程费中开支的项目。

(5)勘察设计费

勘察设计费指委托勘察设计单位进行工程水文地质勘察、工程设计所发生的各项费用。包括工程勘察费、初步设计费、施工图设计费。

计费标准及计算规则:

参照国家计委、建设部《关于发布〈工程勘察设计收费管理规定〉的通知》(计价格〔2002〕10 号)规定。

(6)环境影响评价费

环境影响评价费指按照《中华人民共和国环境保护法》《中华人民共和国环境影响评价法》等规定,为全面、详细评价本建设项目对环境可能产生的污染或造成的重大影响所需的费用,包括编制环境影响报告书(含大纲)、环境影响报告表和评估环境影响报告书(含大纲)、评估环境影响报告表等所需的费用。

计费标准及计算规则:

参照国家计委、国家环境保护总局《关于规范环境影响咨询收费有关问题的通知》(计价格〔2002〕125 号)规定。

（7）劳动安全卫生评价费

劳动安全卫生评价费指按照劳动部 10 号令《建设项目（工程）劳动安全卫生预评价管理办法》的规定，为预测和分析建设项目存在的职业危险、危害因素的种类和危险危害程度，并提出先进、科学、合理可行的劳动安全卫生技术和管理对策所需的费用。包括编制建设项目劳动安全卫生预评价大纲和评价报告书以及为编制上述文件所进行的工程分析和环境现状调查等所需费用。

计费标准及计算规则：

参照建设项目所在省（市、自治区）劳动行政部门规定的标准计算。

（8）建设工程监理费

建设工程监理费指建设单位委托工程监理单位实施工程监理的费用。

计费标准及计算规则：

参照国家发改委、建设部〔2007〕670 号文，关于《建设工程监理与相关服务收费管理规定》的通知进行计算。

（9）安全生产费

安全生产费指施工企业按照国家有关规定和建筑施工安全标准，购置施工防护用具、落实安全施工措施，以及改善安全生产条件所需要的各项费用。

计费标准及计算规则：

参照财政部、国家安全生产监督管理总局财企〔2006〕478 号文《高危行业企业安全生产费用财务管理暂行办法的通知》，安全生产费按建筑安装工程费的 1.0% 计取。

（10）工程质量监督费

工程质量监督费指工程质量监督机构对通信工程进行质量监督所发生的费用。

根据工信部工信厅通〔2009〕22 号文《关于停止计列通信建设工程质量监督费和工程定额测定费的通知》，自 2009 年 1 月 1 日起，此项费用不再计取。

（11）工程定额编制测定费

工程定额编制测定费指建设单位发包工程按规定上缴工程造价（定额）管理部门的费用。

根据工信部工信厅通〔2009〕22 号文《关于停止计列通信建设工程质量监督费和工程定额测定费的通知》，自 2009 年 1 月 1 日起，此项费用不再计取。

（12）引进技术及进口设备其他费

引进技术及进口设备其他费内容包括：引进项目图纸资料翻译复制费、备品备件测绘费，出国人员费用，来华人员费用，以及银行担保及承诺费。

（13）工程保险费

工程保险费指建设项目在建设期间根据需要对建筑工程、安装工程及机器设备进行投保而发生的保险费用。包括建筑安装工程一切险、引进设备财产和人身意外伤害险等。

计费标准及计算规则：

①不投保的工程不计取此项费用。

②不同的建设项目可根据工程特点选择投保险种，根据投保合同计列保险费用。

（14）工程招标代理费

工程招标代理费指招标人委托代理机构编制招标文件、编制标底、审查投标人资格、组织投标人踏勘现场并答疑，组织开标、评标、定标，以及提供招标前期咨询、协调合同的签订等业务所收取的费用。

计费标准及计算规则：

参照国家计委《招标代理服务费管理暂行办法》计价格〔2002〕1980 号规定。

（15）专利及专用技术使用费

专利及专用技术使用费内容包括国外设计及技术资料费、引进有效专利、专有技术使用费和技术保密费，国内有效专利、专有技术使用费用，商标使用费、特许经营权费等。

计费标准及计算规则：

①按专利使用许可协议和专有技术使用合同的规定计列。

②专有技术的界定应以省、部级鉴定机构的批准为依据。

③项目投资中只计取需要在建设期支付的专利及专有技术使用费。协议或合同规定在生产期支付的使用费应在成本中核算。

（16）生产准备及开办费

生产准备及开办费指建设项目为保证正常生产（或营业、使用）而发生的人员培训费、提前进场费，以及投产使用初期必备的生产生活用具、工器具等购置费用。包括：

①人员培训费及提前进厂费。

②为保证初期正常生产、生活（或营业、使用）所必需的生产办公、生活家具用具购置费。

③为保证初期正常生产（或营业、使用）必需的第一套不够固定资产标准的生产工具、器具、用具购置费（不包括备品备件费）。

计费标准及计算规则：

新建项目按设计定员为基数计算，改扩建项目按新增设计定员为基数计算。

$$生产准备费 = 设计定员 × 生产准备费指标(元/人)$$

生产准备费指标由投资企业自行测算。

3. 预备费

（1）预备费

预备费指在初步设计及概算内难以预料的工程费用。预备费包括基本预备费和价差预备费。

（2）基本预备费

①进行技术设计、施工图设计和施工过程中，在批准的初步设计和概算范围内所增加的工程费用。

②由一般自然灾害所造成的损失和预防自然灾害所采取的措施费用。

③竣工验收为鉴定工程质量，必须开挖和修复隐蔽工程的费用。

（3）价差预备费

价差预备费为设备、材料的价差。

计费标准及计算规则：

预备费 =（工程费 + 工程建设其他费）× 预备费费率（见表 1-4-27）。

4. 建设期利息

建设期利息指建设项目贷款在建设期内发生并应计入固定资产的贷款利息等财务费用。

计费标准及计算规则：

按银行当期利率计算。

表 1-4-27　预备费费率表

工程名称	计算基础	费率(%)
通信设备安装工程	工程费 + 工程建设其他费	3.0
通信线路工程		4.0
通信管道工程		5.0

二、通信工程概算、预算

(一)通信工程勘察设计收费标准

1. 通信工程勘察设计收费标准

2002 年之前,通信工程的勘察设计收费是由勘察设计工日乘以勘察设计工日单价来确定的,并且勘察费和设计费没有分开。2002 年 3 月之后,采用新的方法,下面为大家介绍这种方法。

工程勘察设计收费管理规定引自国家计委计价格〔2002〕10 号文件。

为了规范工程勘察设计收费行为,维护发包人、勘察人和设计人的合法权益,根据《中华人民共和国价格法》以及有关法律、法规,特制定本规定及《工程勘察收费标准》和《工程设计收费标准》。

本规定及《工程勘察收费标准》和《工程设计收费标准》,适应于中华人民共和国境内建设项目的工程勘察和工程设计收费。

工程勘察设计的发包与承包应当遵循公开、公平、公正、自愿和诚实信用的原则。依据《中华人民共和国招标投标法》和《建设工程勘察设计管理条例》,发包人有权自主选择勘察人、设计人,勘察人、设计人自主决定是否接受委托。

发包人和勘察人、设计人应当遵守国家有关价格法律、法规的规定,维护正常的价格秩序,接受政府价格主管部门的监督、管理。

工程勘察和工程设计收费根据建设项目投资额的不同情况,分别实行政府指导价和市场调节价。建设项目总投资估算额 500 万元及以上的工程勘察和工程设计收费实行政府指导价;500 万元以下的实行市场调节价。

实行政府指导价的,其基准价根据《工程勘察收费标准》或者《工程设计收费标准》计算,除本规定第七条另有规定者外,浮动幅度为上下 20%。设计人应当根据建设项目的实际情况在规定的浮动幅度内协商确定收费额。实行市场调节价的,由发包人和勘察人、设计人协商确定收费额。

工程勘察和工程设计收费,应当体现优质优价的原则。实行政府指导价的,凡在工程勘察设计中采用新技术、新工艺、新设备、新材料,有利于提高建设项目经济效益、环境效益和社会效益的,发包人和勘察人、设计人可以在上浮 25% 的幅度协商确定收费额。

勘察人和设计人应当按照《关于商品和服务实行明码标价的规定》,告知发包人有关服务项目、服务内容、服务质量、收费依据以及收费标准。

收费的金额以及支付方式,由发包人和勘察人、设计人在《工程勘察合同》或者《工程设计合同》中约定。

勘察人或设计人提供的勘察设计文件或设计文件,应当符合国家规定的工程技术质量标准,满足合同约定的内容、质量等要求。

由于发包人原因造成工程勘察、工程设计工作量增加或工程勘察现场停工、窝工的,发包人应当向勘察人、设计人支付相应的工程勘察费或工程设计费。

工程勘察或工程设计质量达不到本规定第十条规定的,勘察人或设计人应当返工。由于返工增加工作量的,发包人不另支付费用。由于勘察人或设计人工作失误给发包人造成经济损失的,应当按照合同约定承担赔偿责任。

勘察人、设计人不得欺骗发包人或与发包人互相串通,以增加工程勘察工作量或提高工程设计标准等方式,多收工程勘察费或工程设计费。

违反本规定和国家有关价格法律、法规规定的,由政府价格主管部门依据《中华人民共和国价格法》《价格违法行为行政处罚规定》予以处罚。

2. 通信工程勘察收费基价及计算办法

工程勘察收费是指勘察人根据发包人的委托,收集已有资料、现场踏勘、制定勘察纲要,进行测绘、勘探、取样、试验、测试、检测、监测等勘察作业,以及编制工程勘察文件和岩土工程设计文件等收取的费用。

工程勘察收费标准分为通用工程勘察收费标准和专业工程勘察收费标准。

①通用工程勘察收费标准适用于工程测量、岩土工程勘察、岩土工程设计与检测监测、水文地质勘察、工程水文气象勘察、工程物探、室内试验等工程勘察的收费。通用工程勘察收费采取实物工作量定额计费方法计算,由实物工作收费和技术工作收费两部分组成。

②专业工程勘察收费标准分别适用于煤炭、水利水电、电力、长输管道、铁路、公路、通信、海洋工程等工程勘察的收费。专业工程勘察中的一些项目可以执行通用工程勘察收费标准。专业工程勘察收费方法和标准,分别在煤炭、水利水电、电力、长输管道、铁路、公路、通信、海洋工程等章节中规定。

通用工程勘察收费按照下列公式计算:

- 工程勘察收费 = 工程勘察收费基准价 ×(1 ± 浮动幅度值)。
- 工程勘察收费基准价 = 工程勘察实物工作收费 + 工程勘察技术工作收费。
- 工程勘察实物工作收费 = 工程勘察实物工作收费基价 × 实物工作量 × 附加调整系数。
- 工程勘察技术工作收费 = 工程勘察实物工作收费 × 技术工作收费比例。

工程勘察收费基准价。工程勘察收费基准价是按照本收费标准计算出的工程勘察基准收费额,发包人和勘察人可以根据实际情况在规定的浮动幅度内协商确定工程勘察收费合同额。

工程勘察实物工作收费基价。工程勘察实物工作收费基价是完成每单位工程勘察实物工作内容的基本价格。工程勘察实物工作收费基价在相关章节的《实物工作收费基价表》中查找确定。

实物工作量。实物工作量由勘察人按照工程勘察规范、规程的规定和勘察作业实际情况在勘察纲要中提出,经发包人同意后,在工程勘察合同中约定。

附加调整系数。附加调整系数是对工程勘察的自然条件、作业内容和复杂程度差异进行调整的系数。附加调整系数分别列于总则和各章节中。附加调整系数为两个或者两个以上的,附加调整系数不能连乘。将各附加调整系数相加,减去附加调整系数的个数,加上定值1,作为附加调整系数值。

在气温(以当地气象台、站的气象报告为准)35 ℃或 ≤ - 10 ℃条件下进行勘察作业时,气温附加调整系数为1.2。

在海拔高程超过 2 000 m 地区进行工程勘察作业时,高程附加调整系数如下:海拔高程 2 000 ~ 3 000 m 为 1.1;海拔高程 3 001 ~ 3 500 m 为 1.2;海拔高程 3 501 ~ 4 000 m 为 1.3;海拔高程 4 001 m 以上的,高程附加调整系数由发包人与勘察人协商确定。

建设项目工程勘察由两个或两个以上勘察人承担的,其中对建设项目工程勘察合理性和整体性负责的勘察人,按照该建设项目工程勘察收费基准价的 5% 加收主体勘察协调费。

工程勘察收费基准价不包括以下费用:办理工程勘察相关许可,以及购买有关资料费;拆除障碍物,开挖,以及修复地下管线费;修通至作业现场道路,接通电源、水源,以及平整场地费;勘察材料,以及加工费;水上作业用船、排、平台,以及水监费;勘察作业大型机具搬运费;青苗、树木,以及水域养殖物赔偿费等。发生以上费用的,由发包人另行支付。

工程勘察组日、台班收费基价如下:工程测量、岩土工程验槽、检测监测、工程物探 1 000 元/组日;岩土工程勘察 1 360 元/台班;水文地质勘察 1 680 元/台班。

勘察人提供工程勘察文件的标准份数为 4 份。发包人要求增加勘察文件份数的,由发包人另行支付印制勘察文件工本费。

本收费标准不包括本总则 1.0.1 以外的其他服务收费。其他服务收费,国家有收费规定的,按照规定执行;国家没有收费规定的,由发包人与勘察人协商确定。

3.通信工程设计收费基价及计算办法

工程设计收费是指设计人根据发包人的委托,提供编制建设项目初步设计文件、施工图设计文件、非标准设备设计文件、施工图预算文件、竣工图文件等服务所收取的费用。

工程设计收费采取按照建设项目单项工程概算投资额分档定额计费方法计算收费。

工程设计收费按照下列公式计算:

- 工程设计收费 = 工程设计收费基准价 ×(1 ± 浮动幅度值);
- 工程设计收费基准价 = 基本设计收费 + 其他设计收费;
- 基本设计收费 = 工程设计收费基价 × 专业调整系数 × 工程复杂程度调整系数 × 附加调整系数。

工程设计收费基准价是按照本收费标准计算出的工程设计基准收费额。发包人和设计人根据实际情况,在规定的浮动幅度内协商确定工程设计收费合同额。

基本设计收费是指在工程设计中提供编制初步设计文件、施工图设计文件收取的费用,并相应提供设计技术交底、解决施工中的设计技术问题、参加试车考核和竣工验收等服务。

其他设计收费是指根据工程设计实际需要或者发包人要求提供相关服务收取的费用,包括总体设计费、主体设计协调费、采用标准设计和复用设计费、非标准设备设计文件编制、施工图预算编制费、竣工图编制费等。

工程设计收费基价是完成基本服务的价格。工程设计收费基价在《工程设计收费基价表》中查找确定,计费额处于两个数值区间的,采用直线内插法确定工程设计收费基价。

工程设计收费计费额,为经过批准的建设项目初步设计概算中的建筑安装工程费、设备与工器具购置费和联合试运转费之和。

工程中有利用原有设备的,以签订工程设计合同时同类设备的当期价格作为工程设计收费的计费额;工程中有缓配设备,但按照合同要求以既配设备进行工程设计并达到设备安装和工艺条件的,以既配设备的当期价格作为工程设计收费的计费额;工程中有引进设备的,按照购进设备的离岸价折换成人民币作为工程设计收费的计费额。

工程设计收费标准的调整系数包括:专业调整系数、工程复杂程度调整系数和附加调整系数。

● 专业调整系数是对不同专业建设项目的工程设计复杂程度和工作量差异进行调整的系数。计算工程设计收费时,专业调整系数在《工程设计收费专业调整系数表》中查找确定。

● 工程复杂程度调整系数是对同一专业不同建设项目的工程设计复杂程度和工作量差异进行调整的系数。工程复杂程度分为一般、较复杂和复杂 3 个等级,其调整系数分别为:一般(Ⅰ级)0.85;较复杂(Ⅱ级)1.0;复杂(Ⅲ级)1.15。计算工程设计收费时,工程复杂程度在《工程复杂程度表》中查找确定。

● 附加调整系数是对专业调整系数和工程复杂程度调整系数尚不能调整的因素进行补充调整的系数。附加调整系数为两个或两个以上的,附加调整系数不能连乘。将各附加调整系数相加,减去附加调整系数的个数,加上定值1,作为附加调整系数值。

非标准设备设计收费按照下列公式计算:

$$非标准设备设计费 = 非标准设备计费额 × 非标准设备设计费率$$

式中,非标准设备计费额为非标准设备的初步设计概算。非标准设备设计费率在《非标准设备设计费率表》中查找确定。

单独委托工艺设计、土建以及公用工程设计、初步设计、施工图设计的,按照其占基本服务设计工作量的比例计算工程设计收费。

改扩建和技术改造建设项目,附加调整系数为 1.1 ~ 1.4,根据工程设计复杂程度确定适当的附加调整系数,计算工程设计收费。

初步设计之前,根据技术标准的规定或者发包人的要求,需要编制总体设计的,按照该建设项目基本设计收费的 5% 加收总体设计费。

建设项目工程设计由两个或者两个以上设计人承担的,其中对建设项目工程设计合理性和整体性负责的设计人,按照该建设项目基本设计收费的 5% 加收主体设计协调费。

工程设计中采用标准设计或者复用设计的,按照同类新建项目基本设计收费的 30% 计算收费;需要重新进行基础设计的,按照同类新建项目基本设计收费的 40% 计算收费;需要对原设计做局部修改的,由发包人和设计人根据设计工作量协商确定工程设计收费。

编制工程施工图预算的,按照该建设项目基本设计收费的 10% 收取施工图预算编制费;编制工程竣工图的,按照该建设项目基本设计收费的 8% 收取竣工图编制费。

工程设计中采用设计人自有专利或者专有技术的,其专利和专有技术收费由发包人与设计人协商确定。

工程设计中的引进技术需要境内设计人配合设计的,或者需要按照境外设计程序和技术质量要求由境内设计人进行设计的,工程设计收费由发包人与设计人根据实际发生的设计工作量,参照本标准协商确定。

由境外设计人提供设计文件,需要境内设计人按照国家标准规范审核并签署确认意见的,按照国际对等原则或者实际发生的工作量,协商确定审核确认费。

设计人提供设计文件的标准份数,初步设计、总体设计分别为 10 份,施工图设计、非标准设备设计、施工图预算、竣工图分别为 8 份。发包人要求增加设计文件份数的,由发包人另行支付印制设计文件工本费。工程设计中需要购买标准设计图的,由发包人支付购图费。

本收费标准不包括本总则以外的其他服务收费。其他服务收费,国家有收费规定的,按照规定执行;国家没有收费规定的,由发包人与设计人协商确定。

(二)通信建设工程工程量计算

通信工程工程量的计算很重要,工程量计算的准确性,直接关系到整个工程概预算的准确性。一般是通过阅读设计图纸,根据图形符号的表示意义和图形符号的数量或标注的数字等信息,统计并计算出反映在图纸上的主要工程量,通过主要工程量,再参考通信建设工程预算定额及其附录、设计规范或施工验收规范的要求就可查找并计算出其他工程量,进而确定工程的全部工程量。

工程量确定后,通过查找相关定额标准,套用有关费用定额和费用标准,编制设计概预算,确定工程造价。工程量计算的准确与否,直接关系到概预算的准确性。工程量计算是编制概预算的关键和难点。

通信工程图纸是通过图形符号、文字符号、文字说明及标注表达的。为了读懂图纸,必须了解和掌握图纸中各种图形符号、文字符号等所代表的含义。

专业人员通过图纸了解工程规模、工程内容、统计出工程量、编制工程概预算。在概预算编制中,阅读图纸、统计工程量的过程称为识图。

1. 工程量统计应把握的基本原则

①工程量计算的主要依据是施工图设计文件、现行预算定额的有关规定及相关资料。

②概预算人员必须能够熟练阅读图纸,这是概预算人员必须具备的基本功。

③概预算人员必须掌握预算定额中定额项目的"工作内容"的说明、注释及定额项目设置、定额项目的计算单位等,以便统一或正确换算计算出的工程量与预算定额的计量单位。

④概预算人员必须了解和掌握施工组织、设计,并且掌握施工方法,以利于工程量计算和套用定额。

⑤概预算人员必须掌握和运用与工程量计算相关的资料。

⑥工程量计算顺序,一般情况下应按预算定额项目排列顺序及工程施工的顺序逐一统计,以保证不重不漏,便于计算。

⑦工程量计算完毕后,要进行系统整理。

⑧整理过的工程量,要进行检查、复核、发现问题及时修改。

2. 工程量计算的基本准则

①工程量的计算应按工程量计算规则进行,即工程量项目的划分、计量单位的取定、有关系数的调整换算等,都应按相关专业的计算规则确定。

②工程量的计量单位有物理计量单位和自然计量单位,用来表示分部、分项工程的计量单位。物理计量单位应按国家规定的法定计量单位表示,如长度用"米""千米",质量用"克""千克",面积用"平方米",体积用"立方米",相对应的单位符号为 m、km、g、kg、m^2、m^3 等。自然计量单位常用的有台、套、盘、部、架、端、系统等。

③通信建设工程无论是初步设计,还是施工图设计,都依据设计图纸统计计算工程量,按实物工程量编制通信建设工程概预算。

④工程量计算应以设计规定的所属范围和设计分界线为准,布线走向和部件设置以施工验收技术规范为准,工程量的计量单位必须与施工定额计量单位一致。

⑤工程量应以施工安装数量为准,所用材料数量不能作为安装工程量,因为所用材料数量和安装实用的材料数量(即工程量)有一个差值。

3. 通信设备安装工程量计算规则

通信设备安装工程共分为 3 个大类:通信电源设备安装工程、有线通信设备安装工程和无线通信设备安装工程。这三大类工程的工程量计算规则主要从以下几方面考虑。

设备机柜、机箱的安装工程量计算。所有设备机柜、机箱的安装可分为 3 种情况计算工程量:

①以设备机柜、机箱整架(台)的自然实体为一个计量单位,即机柜(箱)架体、架内组件、盘柜内部的配线、对外连接的接线端子及设备本身的加电检测与调试等均作为一个整体来计算工程量。本系列的多数设备安装属于这种情况。

②设备机柜、机箱按照不同的组件分别计算工程量,即机柜架体与内部的组件或附件不作为一个整体的自然单位进行计量,而是将设备结构划分为若干组合部分,分别计算安装的工程量。

这种情况一般见于机柜架体与内部组件的配置成非线性关系的设备。例如,定额项目"TSD 1—049 安装蓄电池屏"所描述的内容是:屏柜安装不包括屏内蓄电池组的安装,也不包括蓄电池组的充放电过程。整个设备安装过程需要分 3 个部分分别计算工程量,即安装蓄电池屏(空屏)、安装屏内蓄电池组(根据设计要求选择电池容量和组件数量)、屏内蓄电池组充放电(按电池组数量计算)。

③设备机柜、机箱主体和附件的扩装,即在原已安装设备的基础上进行增装内部盘、线。这种情况主要用于扩容工程。例如,定额项目"TSD3.060、061 安装高频开关整流模块"就是为了满足在已有开关电源架的基础上进行扩充生产能力的需要,所以是以模块个数作为计量单位统计工程量。

与前面将设备划分为若干组合部分分别计算工程的概念所不同的是,已安装设备主体和扩容增装部件的项目是不能在同一期工程中同时列项的,否则属于重复计算。

以上设备的 3 种工程量计算方法需要认真了解定额项目的相关说明和工作内容,避免工程量漏算、重算、错算。

4. 开挖(填)土(石)方

开挖(填)土(石)方包括开挖路面、挖(填)管道沟及人孔坑、挖(填)光(电)缆沟及接头坑 3 个部分。其中凡在铺砌路面下开挖管道沟或人(手)孔坑时,其沟(坑)土方量应减去开挖的路面铺砌物的土方量;管道沟回填土体积应按扣除地面以下管道和人(手)孔坑(包括基础)等的体积计算。

(1)光(电)缆接头坑个数取定

埋式光缆接头坑个数:初步设计按 2 km 标准盘长或每 1.7～1.85 km 取一个接头坑,施工图设计按实际取定。

埋式电缆接头坑个数:初步设计按 5 个/km 取定,施工图设计按实际取定。

(2)挖光(电)缆沟长度计算(单位:100 m)

光(电)缆沟长度 = 图末长度 − 图始长度 −(截流长度 + 过路顶管长度)

(3)施工测量长度计算(单位:100 m)

管道工程施工测量长度 = 各人孔中心至其相邻人孔中心长度之和

光(电)缆工程施工测量长度 = 路由图末的长度 − 路由图始的长度

（4）缆线布放工程量的取定

缆线布放工程量为缆线施工测量长度与各种预留长度之和，不能按主材使用长度计取工程量。

（5）计算人孔坑挖深（单位：m）

通信人孔设计示意图如图 1-4-3 所示。

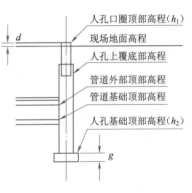

图 1-4-3 通信人孔设计示意图

$$H = h_1 - h_2 + g - d$$

式中，H 为人孔坑挖深，m；h_1 为人孔口圈顶部高程，m；h_2 为人孔基础顶部高程，m；g 为人孔基础厚，m；d 为路面厚度，m。

（6）计算管道沟深（单位：m）

计算某段管道沟深是在两端分别计算沟深后取平均值，再减去路面厚度作为沟深。管道沟挖深和通信管道设计示意图分别如图 1-4-4 和图 1-4-5 所示。

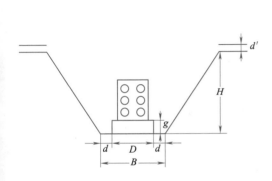

图 1-4-4 管道沟挖深示意图

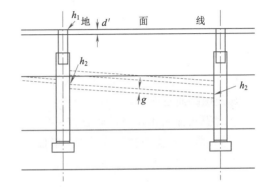

图 1-4-5 通信管道设计示意图

图 1-4-4 中，d' 为路面厚度，m；H 为管道沟深，m；g 为管道基础厚，m；B 为沟底宽度，m；D 为管道基础宽度，m；d 为施工余度，m。

$$H = \frac{(h_1 - h_2 + g)_{人孔1} + (h_1 - h_2 + g)_{人孔2}}{2} - d'$$

式中，H 为管道沟深（平均埋深，不含路面厚度），m；h_1 为人孔口圈顶部高程，m；h_2 为管道基础顶部高程，m；g 为管道基础厚，m；d' 为路面厚度，m。

（7）计算开挖路面面积（单位：100 m²）。

①开挖管道沟路面面积工程量（不放坡）。

$$A = \frac{B \times L}{100}$$

式中，A 为路面面积工程量，100 m²；B 为沟底宽度（沟底宽度 B ＝管道基础宽度 D ＋施工余度 $2d$），m；L 为管道沟路面长（两相邻人孔坑边间距），m。

施工余度 $2d$：管道基础宽度 ＞630 mm 时，$2d$ ＝0.6 m（每侧各 0.3 m）；管道基础宽度 ≤630 mm 时，$2d$ ＝0.3 m（每侧各 0.15 m）。

②开挖管道沟路面面积工程量（放坡）。

$$A = \frac{(2Hi + B) \times L}{100}$$

式中，A 为路面面积工程量，$100\ \text{m}^2$；H 为沟深，m；B 为沟底宽度（沟底宽度 B = 管道基础宽度 D + 施工余度 $2d$），m；i 为放坡系数（由设计按规范确定）；L 为管道沟路面长（两相邻人孔坑边间距），m。

③开挖一个人孔坑路面面积工程量（不放坡）。

人孔坑开挖土石方示意图如图 1-4-6 所示。

$$A = \frac{a \times b}{100}$$

式中，A 为人孔坑面积，$100\ \text{m}^2$；a 为人孔坑底长度，m（坑底长度 = 人孔外墙长度 + 0.8 m = 人孔基础长度 + 0.6 m）；b 为人孔坑底宽度，m（坑底宽度 = 人孔外墙宽度 + 0.8 m = 人孔基础宽度 + 0.6 m）。

④开挖人孔坑路面面积工程量（放坡）。

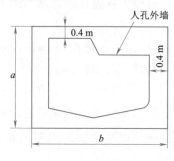

图 1-4-6 人孔坑开挖示意图

$$A = \frac{(2Hi + a) \times (2Hi + b)}{100}$$

式中，A 为人孔坑路面面积，$100\ \text{m}^2$；H 为坑深（不含路面厚度），m；i 为放坡系数（由设计按规范确定）；a 为人孔坑底长度，m；b 为人孔坑底宽度，m。

⑤开挖路面总面积。

总面积 = 各人孔开挖路面总和 + 各段管道沟开挖路面面积总和

（8）计算开挖土方体积工程量（单位：$100\ \text{m}^3$）

①挖管道沟土方体积（不放坡）。

$$V_1 = \frac{B \times H \times L}{100}$$

式中，V_1 为挖沟体积，$100\ \text{m}^3$；B 为沟底宽度，m；H 为沟深（不包含路面厚度），m；L 为沟长（两相邻人孔坑坑口边间距），m。

②挖管道沟土方体积（放坡）。

$$V_2 = \frac{(Hi + B) \times HL}{100}$$

式中，V_2 为挖管道沟体积，$100\ \text{m}^3$；H 为平均沟深（不包含路面厚度），m；i 为放坡系数（由设计按规范确定）；B 为沟底宽度，m；L 为沟长（两相邻人孔坑坑坡中点间距），m。

③挖一个人孔坑土方体积（不放坡）。

$$V_1 = \frac{abH}{100}$$

式中，V_1 为人孔坑土方体积，$100\ \text{m}^3$；a 为人孔坑底长度，m；b 为人孔坑底宽度，m；H 为人孔坑深（不包含路面厚度），m。

④挖一个人孔坑土方体积（放坡）。

近似计算公式：

$$V_2 = \frac{H}{3} \left[ab + (a + 2Hi)(b + 2Hi) + \sqrt{ab(a + 2Hi)(b + 2Hi)} \right]$$

精确计算公式：

$$V_2 = \frac{\left[ab + (a + b)Hi + \dfrac{4}{3}H^2 i^2 \right]H}{100}$$

式中，V_2 为挖人孔坑土方体积，100 m³；H 为人孔坑深（不包含路面厚度），m；a 为人孔坑底长度，m；b 为人孔坑底宽度，m；i 为放坡系数。

⑤总开挖土方体积（在无路面情况下）。

总开挖土方量 = 各人孔开挖土方总和 + 各段管道沟开挖土方总和

⑥光（电）缆沟土石方开挖工程量（或回填量）。石质光（电）缆沟和土质光（电）缆沟结构示意图分别如图 1-4-7（a）、（b）所示。

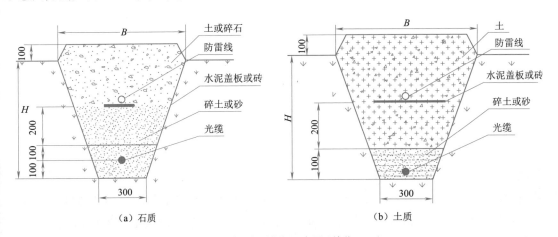

（a）石质　　　　　　　　　（b）土质

图 1-4-7　光（电）缆沟示意图（单位：mm）

$$V = \frac{(B + 0.3)HL/2}{100}$$

式中，V 为光（电）缆沟土石方开挖量（或回填量），100 m³；B 为缆沟上口宽度，m；0.3 为沟下底宽，m；H 为光（电）缆沟深度，m；L 为光（电）缆沟长度，m。

（9）回填土（石）方工程量

①通信管道工程回填工程量 =（挖管道沟土方量 + 人孔坑土方量）–［管道建筑体积（基础、管群、包封）+ 人孔建筑体积］。

②埋式光（电）缆沟土（石）方回填量等于开挖量，光（电）缆体积忽略不计。

（10）通信管道余土方工程量

通信管道余土方工程量 = 管道建筑体积（基础、管群、包封）+ 人孔建筑体积

5. 通信管道工程

通信管道工程包括铺设各种通信管道及砌筑人（手）孔等工程。当人孔净空高度大于标准图设计时，其超出定额部分应另行计算工程量。

（1）混凝土管道基础工程量（单位：100 m）

$$n = \sum_{i=1}^{m} \frac{L_i}{100}$$

式中，$\sum\limits_{i=1}^{m} L_i$ 为 m 段同一种管群组合的管道基础总长度，m；L_i 为第 i 段管道基础的长度，m。

计算时要分别按管群组合系列计算工程量。

（2）铺设水泥管道工程量（单位：100 m）

$$n = \sum_{i=1}^{m} \frac{L_i}{100}$$

式中，$\sum\limits_{i=1}^{m} L_i$ 为 m 段同一种组群管道的总长度，m；L_i 为第 i 段管道的长度，即两相邻人孔中心间距，m。

铺设钢管、塑料管管道工程分别按管群组合系列计算工程量。

（3）通信管道包封混凝土工程量（单位：m³）

管道包封示意图如图1-4-8所示。

包封体积：

$$n = V_1 + V_2 + V_3$$
$$V_1 = 2(d - 0.05)gL$$
$$V_2 = 2dHL$$
$$V_3 = (b + 2d)dL$$

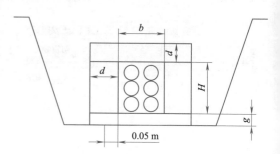

图 1-4-8 管道包封示意图

式中，V_1 为管道基础侧包封混凝土体积，m³；V_2 为基础以上管群侧包封混凝土体积，m³；V_3 为管道顶包封混凝土体积，m³；d 为包封厚度，m；0.05 为基础每侧外露宽度，m；g 为管道基础厚度，m；L 为管道基础长度，即相邻两人孔外壁间距，m；H 为管群侧高，m；B 为管道宽度，m。

（4）无人孔部分砖砌通道工程量（单位：100 m）

$$n = \sum_{i=1}^{m} \frac{L_i}{100}$$

式中，$\sum\limits_{i=1}^{m} L_i$ 为 m 段同一种型号通道总长度，m；L_i 为第 i 段通道长度，为两相邻人孔中心间距减去 1.6 m。

（5）混凝土基础加筋工程量（单位：100 m）

$$n = \frac{L}{100}$$

式中，L 为除管道基础两端 2 m 以外的需要加钢筋的管道基础长度，m。

6. 光（电）缆敷设

敷设光（电）缆长度（单位：千米条）：

敷设光（电）缆长度 = 施工丈量长度 ×（1 + K‰）+ 设计预留

式中 K 为自然弯曲系数，埋式光（电）缆 $K = 7$，管道和架空光（电）缆 $K = 5$。

光（电）缆使用长度计算（单位：千米条）：

光（电）缆使用长度 = 敷设长度 ×（1 + d‰）

式中，d 为光（电）缆损耗率，埋式光（电）缆 $d = 5$，架空光（电）缆 $d = 7$，管道光（电）缆 $d = 15$。

路由示意图如图1-4-9所示。

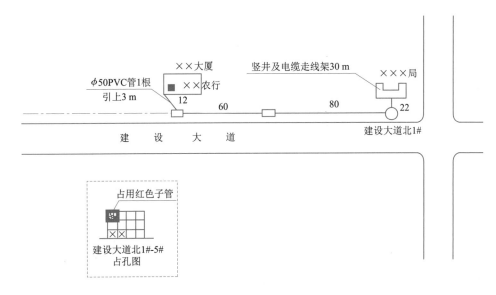

图 1-4-9　路由示意图

管道路由示意图如图 1-4-10 所示。

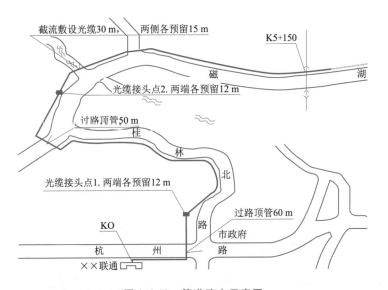

图 1-4-10　管道路由示意图

7. 光(电)缆保护与防护

光(电)缆保护与防护包括以下内容:

- 护坎,如图 1-4-11 所示。
- 护坡。
- 堵塞,如图 1-4-12 所示。
- 水泥砂浆封石沟,如图 1-4-13 所示。
- 漫水坝,如图 1-4-14 所示。

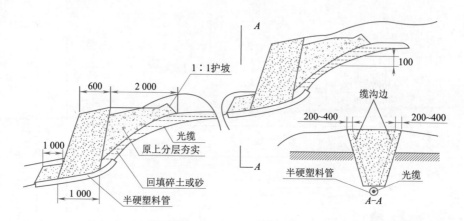

图 1-4-11　护坎示意图

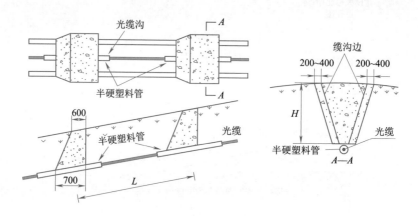

图 1-4-12　缆沟堵塞示意图

根据图纸计算施工测量长度、挖填光缆沟长度、敷设直埋光缆长度,其中,$k = 0.7\%$ 。

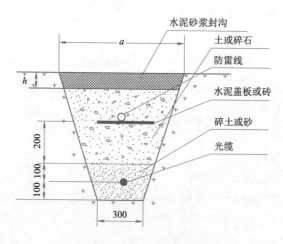

图 1-4-13　水泥砂浆封石沟示意图

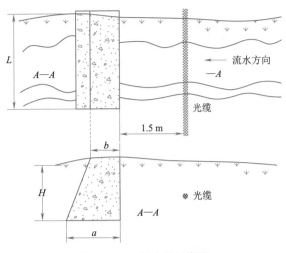

图 1-4-14　漫水坝示意图

8. 综合布线工程

水平子系统布放缆线示意图如图 1-4-15 所示。

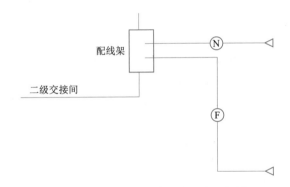

图 1-4-15　水平子系统布放缆线示意图

（1）每楼层布线总长度

每个楼层水平子系统布放缆线工程量为

$$S = [0.55(F + N) + 6]C$$

式中，S 为每楼层的布线总长度（m）；F 为最远的信息插座距配线间的最大可能路由距离（m）；N 为最近的信息插座距配线间的最大可能路由距离（m）；C 为每个楼层的信息插座数量；0.55 为平均电缆长度 + 备用部分；6 为端接容差常数（主干采用 15，配线采用 6）。

（2）信息插座数量估值

每个楼层信息插座数量为

$$C = \frac{A}{P} \times W$$

式中，C 为每个楼层信息插座数量（个）；A 为每个楼层布线区域工作区的面积（m²）；P 为单个工作区所辖的面积，一般取值为 9（m²）；W 为单个工作区的信息插座数，一般取值为 1～4。

计算订购电缆长度时，应考虑每箱（盘、卷）长度。

（3）杆路工程量的统计

杆路工程量的主要内容包括立电杆、电杆加固及保护（其中主要为装设各种拉线）、架设架

113

空吊线及各种辅助吊线等工作量,基本在施工图上就可以统计出其包含的主要工程量。工程量统计相对比较简单,主要工作量统计见表1-4-28。

表1-4-28 杆路工程量的主要工作量统计

序号	定额编号	项目名称	单位	数量
1	TXL1-002	架空光(电)缆工程施工测量	100 m	4.00
2	TXL3-001	立9 m以下水泥杆(综合土)	根	8.00
3	TXL3-051	夹板法装7/2.2单股拉线(综合土)	条	2.00
4	TXL3-054	夹板法装7/2.6单股拉线(综合土)	条	2.00
5	TXL3-163	水泥杆架设7/2.2吊线(平原)	1 000 m 条	0.40
6	TXL3-175	架设100 m以内辅助吊线	条档	1

三、概预算的编制

（一）通信建设工程概预算的编制

1.通信建设工程概预算的概念

（1）概预算的定义

通信建设工程概预算是设计文件的重要组成部分,是根据各个不同设计阶段的深度和建设内容,按照国家主管部门颁发的概预算定额,设备、材料价格,编制方法,费用定额和费用标准等有关规定,对通信建设项目、单项工程按实物工程量法预先计算和确定的全部费用文件。

及时、准确地编制出工程概预算,对加强建设项目管理,提高建设项目投资的社会效益、经济效益有着重要意义,也是加强建设项目管理的重要内容。

（2）概预算的作用

①设计概算的作用。设计概算是用货币形式综合反映和确定建设项目从筹建至竣工验收的全部建设费用。概算是确定和控制固定资产投资、编制和安排投资计划和控制施工图预算的主要依据。项目的投资总额及其构成是按设计概算的有关数据确定的,而且设计概算是确定年度建设计划和年度建设投资额的基础。因此,设计概算的编制质量将影响年度建设计划的编制质量。只有根据编制正确的设计概算,才能使年度建设计划安排的投资额既能保证项目建设的需要,又能节约建设资金。经批准的设计概算是确定建设项目或单项工程所需投资的计划额度。设计单位必须严格按照批准的初步设计中的总概算进行施工图设计预算的编制,施工图预算不应突破设计概算。实行三阶段设计的情况下,在技术设计阶段应编制修正概算,修正概算所确定的投资额不应突破相应的设计总概算,如突破,应调整和修改总概算,并报主管部门审批。

②概算是核定贷款额度的主要依据。建设单位根据批准的设计概算总投资,安排投资计划,控制贷款。建设项目投资额突破设计概算时,应查明原因后由建设单位报请上级主管部门调整或追加设计概算总投资额。

③概算是考核工程设计技术经济合理性和工程造价的主要依据。设计概算是项目建设方案(或设计方案)经济合理性的反映,可以用来对不同的建设方案进行技术和经济合理性比较,以便选择最佳的建设方案或设计方案。建设或设计方案是编制概算的基础,设计方案的经济合理性是以货币指标来反映的。

④概算是筹备设备、材料和签订订货合同的主要依据。设计概算经主管部门批准后,建设单位就可以开始按照设计提供的设备、材料清单,对多个生产厂家的设备性能及价格进行调查、询价,按设计要求进行比较,在设备性能、技术服务等相同的条件下,选择最优惠的厂家生产的设备,签订订货合同,进行建设准备工作。

⑤概算在工程招标承包制中是确定标底的主要依据。建设单位在按设计概算进行工程施工招标发包时,须以设计概算为基础编制标底,以此作为评标决标的依据。施工企业为了在投标竞争中得到承包任务,必须编制投标书,标书中的报价应以概算为基础进行估价。

(3)施工图预算的作用

施工图预算是设计概算的进一步具体化。它是根据施工图计算出的工程量,依据现行预算定额及取费标准,签订的设备材料合同价或设备材料预算价格等,进行计算和编制的工程费用文件。它的主要作用是:

①预算是考核工程成本,确定工程造价的主要依据。根据工程的施工图纸计算出其实物工程量,然后按现行工程预算定额、费用标准等资料,计算出工程的施工生产费用,再加上上级主管部门规定应计列的其他费用,就成为建筑安装工程的价格,即工程预算造价。由此可见,只有正确地编制施工图预算,才能合理地确定工程的预算造价,并可据此落实和调整年度建设投资计划。施工企业必须以所确定的工程预算造价为依据来进行经济核算,以最少的人力、物力和财力消耗完成施工任务,降低工程成本。

②预算是签订工程承、发包合同的依据。建设单位与施工企业的经济费用往来,是以施工图预算及双方签订的合同为依据,所以施工图预算又是建设单位监督工程拨款和控制工程造价的一项主要依据。实行招标的工程,施工图预算是建设单位确定标底和施工企业进行估价的依据,也是评价设计方案,签订年度总包和分包合同的依据。建设单位和施工单位双方以施工图预算为基础签订工程承包合同,明确双方的经济责任。实行项目建设投资包干,也可以以施工图预算为依据进行,即通过建设单位、施工单位协商,以施工图预算为基础,再增加一定的系数,作为合同价格由施工承包单位"一次包死"。

③预算是工程价款结算的主要依据。工程价款结算是施工企业在承包工程实施过程中,依据承包合同和已经完成的工程量关于付款的规定,依照程序向建设业主收取工程价款的经济活动。项目竣工验收点交之后,除按概预算加系数包干的工程外,都要编制项目结算,以结清工程价款。结算工程价款是以施工图预算为基础进行的,即以施工图预算中的工程量和单价,再根据施工中设计变更后的实际施工情况,以及实际完成的工程量情况编制项目结算。

④预算是考核施工图设计技术经济合理性的主要依据。施工图预算要根据设计文件的编制程序编制,它对确定单项工程造价具有重要的作用。施工图预算的工料统计表列出的各单位工程对各类人工和材料的需要量等,是施工企业编制施工计划、进行施工准备和进行统计、核算等不可缺少的依据。

(4)概预算的构成

①初步设计概算的构成。建设项目在初步设计阶段必须编制概算。设计概算的组成是根据建设规模的大小而确定的,一般由建设项目总概算、单项工程概算组成。单项工程概算由工程费、工程建设其他费、预备费3部分组成。建设项目总概算等于各单项工程概算之和,它是一个建设项目从筹建到竣工验收的全部投资,其构成如图1-4-16所示。

②施工图设计预算的构成。建设项目在施工图设计阶段编制预算。预算的组成一般应包括工程费和工程建设其他费。若为一阶段设计时,除工程费和工程建设其他费之外,另外列预备费(费用标准按概算编制办法计算);对于二阶段设计时的施工图预算,由于初步设计概算中已列有预备费,所以二阶段设计预算中不再列预备费。

```
                     ┌─── 单项工程概算
建                   │              ┌─── 工程费
设  建设项目         │              │
项  总概算 ──────────┼─── 单项工程概算─── 工程建设其他费
目                   │              │
总                   │              └─── 预备费
费                   │
用                   └─── 单项工程概算
```

图 1-4-16　建设项目总概算构成

2. 通信建设工程概预算的编制

通信建设工程概预算的编制,应按工信部规〔2008〕75 号《通信建设工程概算、预算编制办法》所修订的费用定额、预算定额等标准执行。

(1)总则

为适应通信建设工程发展需要,根据《建筑安装工程费用项目组成》(建标〔2003〕206 号)等有关文件,对原邮电部《通信建设工程概算、预算编制办法及费用定额》(邮部〔1995〕626 号)中的概预算编制办法进行修订。

本办法适用于通信建设项目新建和扩建工程的概预算的编制;改建工程可参照使用。

通信建设项目涉及土建工程、通信铁塔安装工程时,应按各地区有关部门编制的土建、铁塔安装工程的相关标准编制工程概预算。

通信建设工程概预算应包括从筹建到竣工验收所需的全部费用,其具体内容、计算方法、计算规则应依据信息产业部发布的现行通信建设工程定额及其他有关计价依据进行编制。

通信建设工程概预算的编制应由具有通信建设相关资质的单位编制;概预算编制、审核及从事通信工程造价的相关人员必须持有信息产业部颁发的《通信建设工程概预算人员资格证书》。

(2)设计概算与施工图预算的编制

通信建设工程概预算的编制,应按相应的设计阶段进行。

当建设项目采用两阶段设计时,初步设计阶段编制设计概算,施工图设计阶段编制施工图预算。采用一阶段设计时,应编制施工图预算,并列预备费、投资贷款利息等费用。建设项目按三阶段设计时,在技术设计阶段编制修正概算。

(3)设计概算与施工图预算的地位

设计概算是初步设计文件的重要组成部分。编制初步设计概算应在投资估算的范围内进行。

施工图预算是施工图设计文件的重要组成部分。编制施工图预算应在批准的初步设计概算范围内进行。

(4)总设计单位时设计概算与施工图预算的编制

一个通信建设项目如果有几个设计单位共同设计时,总体设计单位应负责统一概预算的编制原则,并汇总建设项目的总概算。分设计单位负责本设计单位所承担的单项工程概算、预算的编制。

通信建设工程概预算应按单项工程编制

通信工程按不同的专业类别分为 9 个类型,每个专业类别又可分为多个单项工程。单项工程项目划分见表 1-4-29。

表 1-4-29　通信建设单项工程项目划分表

专业类别	单项工程名称	备　注
通信线路工程	1.××光、电缆线路工程； 2.××水底光、电缆工程（包括水线房建筑及设备安装）； 3.××用户线路工程（包括主干及配线光、电缆、交接及配线设备、集线器、杆路等）； 4.××综合布线系统工程	进局及中继光（电）缆工程可按每个城市作为一个单项工程
通信管道建设工程	通信管道建设工程	
通信传输设备安装工程	1.××数字复用设备及光、电设备安装工程； 2.××中继设备、光放设备安装工程	
微波通信设备安装工程	××微波通信设备安装工程（包括天线、馈线）	
卫星通信设备安装工程	××地球站通信设备安装工程（包括天线、馈线）	
移动通信设备安装工程	1.××移动控制中心设备安装工程； 2.基站设备安装工程（包括天线、馈线）； 3.分布系统设备安装工程	
通信交换设备安装工程	××通信交换设备安装过程	
数据通信设备安装工程	××数据通信设备安装工程	
供电设备安装工程	××电源设备安装工程（包括专用高压供电线路工程）	

（5）初步设计概算和修正概算的编制依据

编制概算都应以现行规定和咨询价格为依据，不能随意套用作废或停止使用的资料和依据，以防概算失控、不准。概算编制主要依据如下：

①批准的可行性研究报告。

②初步设计或技术设计图纸、设备材料表等有关技术文件。

③国家相关管理部门发布的有关法律、法规、标准规范。

④《通信建设工程预算定额》（目前通信工程用预算定额代替概算定额编制概算）《通信建设工程费用定额》《通信建设工程施工机械、仪表台班费用定额》及其有关文件。

⑤建设项目所在地政府发布的土地征用和赔补费等有关规定。

⑥有关合同、协议等。

（6）引进通信设备安装工程概预算的编制

①引进设备安装工程概预算的编制依据，除参照前文所列条件外，还应依据国家和相关部门批准的引进设备工程项目订货合同、细目及价格，以及国外有关技术经济资料和相关文件等。

②引进设备安装工程的概预算（指引进器材的费用），除必须编制引进国的设备价款外，还应按引进设备的到岸价的外币折算成人民币的价格，依据本办法有关条款进行编制。

③引进设备安装工程的概预算除包括工信部规〔2008〕75 号文件所规定的费用外，还包括关税、增值税、工商统一税、海关监管费、外贸手续费、银行财务费和国家规定应计取的其他费用，其计取标准和办法应参照国家或相关部门的有关规定。

3.概预算文件的组成

概预算文件由编制说明和概预算表组成。

（1）编制说明

编制说明一般由工程概况、编制依据、投资分析和其他需要说明的问题4个部分组成。

（2）工程概况

说明项目规模、用途、概预算总价值、产品品种、生产能力、公用工程及项目外工程的主要情况等。

（3）编制依据

主要说明编制时所依据的技术经济文件、各种定额、材料设备价格、地方政府的有关规定和主管部门未作统一规定的费用计算依据和说明。

（4）投资分析

主要说明各项投资的比例及类似工程投资额的比较，分析投资额高的原因、工程设计的经济合理性、技术的先进性及其适宜性等。

（5）其他需要说明的问题

如建设项目的特殊条件和特殊问题，需要上级主管部门和有关部门帮助解决的其他有关问题等。

（6）概预算表格

通信建设工程概预算表格统一使用5种共10张表格。分别是建设项目总概预算表（汇总表）、工程概预算总表（表一）、建筑安装工程费用概预算表（表二）、建筑安装工程量概预算表（表三）甲、建筑安装工程施工机械使用费概预算表（表三）乙、建筑安装工程仪器仪表使用费概预算表（表三）丙、国内器材概预算表（表四）甲、引进器材概预算表（表四）乙、工程建设其他费概预算表（表五）甲、引进设备工程建设其他费概预算表（表五）乙。

本套表格供编制工程项目概算或预算使用，各类表格的标题应根据编制阶段明确填写"概"或"预"。

①建设项目总概预算表（汇总表）。该表供编制建设项目总概算（预算）使用，建设项目的全部费用在该表中汇总。

②工程概预算总表（表一），该表供编制单项（单位）工程概算（预算）使用。

③建筑安装工程费用概预算表（表二），该表供编制建筑安装工程费使用。

④建筑安装工程量概预算表（表三）甲，该表供编制工程量，并计算技工和普工总工日数量使用。

⑤建筑安装工程机械使用费概预算表（表三）乙，该表供编制本工程所列的机械费用汇总使用。

⑥建筑安装工程仪器仪表使用费概预算表（表三）丙，该表供编制本工程所列的仪表费用汇总使用。

⑦国内器材概预算表（表四）甲，该表供编制本工程的主要材料、设备和工器具的数量和费用使用。

⑧引进器材概预算表（表四）乙供编制引进工程的主要材料、设备和工器具的数量和费用使用。

⑨工程建设其他费概预算表（表五）甲，本表供编制国内工程计列的工程建设其他费使用。

⑩引进设备工程建设其他费用概预算表（表五）乙，本表供编制引进工程计列的工程建设其他费。

表格构成：

建设项目总概预算表（汇总表）（表一）见表1-4-30。

填表说明：

- 表首"建设项目名称"填写立项工程项目全称。
- 第Ⅱ栏根据本工程各类费用概算（预算）表格编号填写。
- 第Ⅲ栏根据本工程概算（预算）各类费用名称填写。
- 第Ⅳ～Ⅸ栏根据相应各类费用合计填写。
- 第Ⅹ栏为第Ⅳ～Ⅸ栏之和。
- 第Ⅺ栏填写本工程引进技术和设备所支付的外币总额。
- 当工程有回收金额时，应在费用项目总计下列出"其中回收费用"，其金额填入第Ⅷ栏。

此费用不冲减总费用。

表 1-4-30　建设项目总_____算表（汇总表）

建设项目名称：　　　　　　　　建设单位名称：　　　　　　　　表格编号：　　　　第　　页

序号	表格编号	单项工程名称	小型建筑工程费	需要安装的设备费	需安装的设备、工器具费	建筑安装工程费	其他费用	预备费	总价值		生产准备及开办费
			（元）						人民币（元）	中外币（　）	（元）
Ⅰ	Ⅱ	Ⅲ	Ⅳ	Ⅴ	Ⅵ	Ⅶ	Ⅷ	Ⅸ	Ⅹ	Ⅺ	Ⅻ

设计负责人：　　　　审核：　　　　编制：　　　　编制日期：　　年　　月

表格构成：

建筑安装工程费用概预算表（表二）见表1-4-31。

填表说明：

- 第Ⅲ栏根据《通信建设工程费用定额》相关规定，填写第Ⅲ栏各项费用的计算依据和方法；

• 第Ⅳ栏填写第Ⅲ栏各项费用的计算结果。

表 1-4-31　建筑安装工程费用_____算表(表二)

工程名称:　　　　　　　建设单位名称:　　　　　　　表格编号:　　　第　页

序号	费用名称	依据和计算方法	合计(元)	序号	费用名称	依据和计算方法	合计(元)
Ⅰ	Ⅱ	Ⅲ	Ⅳ	Ⅰ	Ⅱ	Ⅲ	Ⅳ
	建筑安装工程费			8	夜间施工增加费		
一	直接费			9	冬雨季施工增加费		
(一)	直接工程费			10	生产工具用具使用费		
1	人工费			11	施工用水电蒸汽费		
(1)	技工费			12	特殊地区施工增加费		
(2)	普工费			13	已完工程及设备保护费		
2	材料费			14	运土费		
(1)	主要材料费			15	施工队伍调遣费		
(2)	辅助材料费			16	大型施工机械调遣费		
3	机械使用费			二	间接费		
4	仪表使用费			(一)	规费		
(二)	措施费			1	工程排污费		
1	环境保护费			2	社会保障费		
2	文明施工费			3	住房公积金		
3	工地器材搬运费			4	危险作业意外伤害保险费		
4	工程干扰费			(二)	企业管理费		
5	工程点交、场地清理费			三	利润		
6	临时设施费			四	税金		
7	工程车辆使用费						

设计负责人:　　　　审核:　　　　　编制:　　　　　编制日期:　年　月

表格构成:

建筑安装工程量概预算表(表三)甲见表 1-4-32。

填表说明:

• 第Ⅱ栏根据《通信建设工程预算定额》,填写所套用预算定额子目的编号。若需临时估列工作内容子目,在本栏中标注"估列"两字,两项以上"估列"条目,应编列序号。

• 第Ⅲ、Ⅳ栏根据《通信建设预算定额》分别填写所套定额子目的名称、单位。

• 第Ⅴ栏填写根据定额子目的工作内容所计算出的工程量数值。

• 第Ⅵ、Ⅶ栏填写所套定额子目的工日单位定额值。

• 第Ⅷ栏为第Ⅴ栏与第Ⅵ栏的乘积。

• 第Ⅸ栏为第Ⅴ栏与第Ⅶ栏的乘积。

表 1-4-32　　建筑安装工程量_____算表(表三)甲

工程名称：　　　　　　　　建设单位名称：　　　　　　　　表格编号：　　　第　　页

序号	定额编号	项目名称	单位	数量	单位定额值(工日)		合计值(工日)	
					技工	普工	技工	普工
I	II	III	IV	V	VI	VII	VIII	IX

设计负责人：　　　　　审核：　　　　编制：　　　　　　编制日期：　　年　　月

表格构成：

建筑安装工程机械使用费概预算表(表三)乙见表 1-4-33。

填表说明：

● 第 II、III、IV 和 V 栏分别填写所套用定额子目的编号、名称、单位,以及该子目工程量数值。

● 第 VI、VII 栏分别填写定额子目所涉及的机械名称及此机械台班的单位定额值。

● 第 VIII 栏填写根据《通信建设工程施工机械、仪表台班费用定额》查找到的相应机械台班单价值。

● 第 IX 栏填与第 VII 栏与第 V 栏的乘积。

● 第 X 栏填写第 VIII 栏与第 IX 栏的乘积。

表 1-4-33　　建筑安装工程机械使用费_____算表(表三)乙

工程名称：　　　　　　　　建设单位名称：　　　　　　　　表格编号：　　　第　　页

序号	定额编号	项目名称	单位	数量	机械名称	单位定额值		合计值	
						数量(台班)	单价(元)	数量(台班)	单价(元)
I	II	III	IV	V	VI	VII	VIII	IX	X

设计负责人：　　　　　审核：　　　　编制：　　　　　　编制日期：　　年　　月

表格构成：

建筑安装工程仪器仪表使用费概预算表(表三)丙见表 1-4-34。

填表说明：

● 第Ⅱ、Ⅲ、Ⅳ和Ⅴ栏分别填写所套用定额子目的编号、名称、单位，以及该子目工程量数值。

● 第Ⅵ、Ⅶ栏分别填写定额子目所涉及的仪表名称及此仪表台班的单位定额值。

● 第Ⅷ栏填写根据《通信建设工程施工机械、仪表台班费用定额》查找到的相应仪表台班单价值。

● 第Ⅸ栏填写第Ⅶ栏与第Ⅴ栏的乘积。

● 第Ⅹ栏填写第Ⅷ栏与第Ⅸ栏的乘积。

表 1-4-34　建筑安装工程仪器仪表使用费＿＿＿＿＿＿算表(表三)丙

工程名称：　　　　　　　　建设单位名称：　　　　　　　表格编号：　　　第　　页

序号	定额编号	项目名称	单位	数量	仪表名称	单位定额值		合计值	
						数量(台班)	单价(元)	数量(台班)	单价(元)
Ⅰ	Ⅱ	Ⅲ	Ⅳ	Ⅴ	Ⅵ	Ⅶ	Ⅷ	Ⅸ	Ⅹ

设计负责人：　　　　　审核：　　　　　编制：　　　　　编制日期：　　年　　月

表格构成：

国内器材概预算表(表四)甲见表 1-4-35。

填表说明：

● 表格标题下面括号内根据需要填写主要材料或需要安装的设备或不需要安装的设备、工器具、仪表。

● 第Ⅱ、Ⅲ、Ⅳ、Ⅴ、Ⅵ栏分别填写主要材料或需要安装的设备或不需要安装的设备、工器具、仪表的名称、规格程式、单位、数量、单价。

● 第Ⅶ栏填写第Ⅵ栏与第Ⅴ栏的乘积。

● 第Ⅷ栏填写主要材料或需要安装的设备或不需要安装的设备、工器具、仪表需要说明的有关问题。

● 依次填写需要安装的设备或不需要安装的设备、工器具、仪表之后,还需计取每类器材费用的小计及运杂费、运输保险费、采购及保管费、采购代理服务费,以及所有费用的合计。

● 用于主要材料表时,应将主要材料分类后计取相关费用,然后进行总计。

表 1-4-35 国内器材_____算表(表四)甲

工程名称: 建设单位名称: 表格编号: 第   页

序号	名称	规格程式	单位	数量	单价(元)	合计(元)	备注
Ⅰ	Ⅱ	Ⅲ	Ⅳ	Ⅴ	Ⅵ	Ⅶ	Ⅷ

设计负责人: 审核: 编制: 编制日期: 年   月

表格构成:

引进器材概预算表(表四)乙见表 1-4-36。

填表说明:

● 表格标题下面括号内根据需要填写引进主要材料或引进需要安装的设备或引进不需要安装的设备、工器具、仪表。

● 第Ⅵ、Ⅶ、Ⅷ和Ⅸ栏分别填写外币金额及折算人民币的金额,并按引进工程的有关规定填写相应费用。其他填写方法与(表四)甲基本相同。

表 1-4-36 引进器材_____算表(表四)乙

工程名称: 建设单位名称: 表格编号: 第   页

序号	中文名称	外文名称	单位	数量	单价		合计	
					外币( )	折合人民币(元)	外币( )	折合人民币(元)
Ⅰ	Ⅱ	Ⅲ	Ⅳ	Ⅴ	Ⅵ	Ⅶ	Ⅷ	Ⅸ

设计负责人: 审核: 编制: 编制日期: 年   月

表格构成：

工程建设其他费概预算表(表五)甲见表1-4-37。

填表说明：

- 第Ⅲ栏根据《通信建设工程费用定额》相关费用的计算规则填写。
- 第Ⅴ栏根据需要填写补充说明的内容事项。

表1-4-37 工程建设其他费_____算表(表五)甲

工程名称： 建设单位名称： 表格编号： 第 页

序号	费用名称	计算依据及方法	金额(元)	备注
Ⅰ	Ⅱ	Ⅲ	Ⅳ	Ⅴ
1	建设用地及综合赔补费			
2	建设单位管理费			
3	可行性研究费			
4	研究实验费			
5	勘察设计费			
6	环境影响评价费			
7	劳动安全卫生评价费			
8	建设工程监理费			
9	安全生产费			
10	工程质量监督费			
11	工程定额测定费			
12	引进技术及引进设备其他费			
13	工程保险费			
14	工程招标代理费			
15	专利及专利技术使用费			
	合计			
16	生产准备及开办费(运营费)			

设计负责人： 审核： 编制： 编制日期： 年 月

表格构成：

引进设备工程建设其他费用概预算表(表五)乙见表1-4-38。

填表说明：

- 第Ⅲ栏根据国家及主管部门的相关规定填写。
- 第Ⅳ、Ⅴ栏分别填写各项费用所需计列的外币与人民币数值。
- 第Ⅵ栏根据需要填写补充说明的内容事项。

表 1-4-38　引进设备工程建设其他费用_____算表（表五）乙

工程名称：　　　　　　　　建设单位名称：　　　　　　表格编号：　　　第　页

序号	费用名称	计算依据及方法	金额		备注
			外币（　）	折合人民币（元）	
Ⅰ	Ⅱ	Ⅲ	Ⅳ	Ⅴ	Ⅵ

设计负责人：　　　　　审核：　　　　　编制：　　　　　编制日期：　年　月

（7）概预算文件编制流程

编制概预算文件时，应按图 1-4-26 所示程序进行流程。

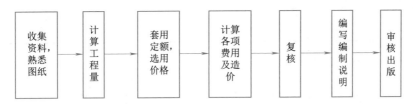

图 1-4-26　概预算文件编制程序

①收集资料、熟悉图纸。在编制概预算前，针对工程具体情况和所编概预算内容收集有关资料，包括概预算定额、费用定额及材料、设备价格等。对施工图进行一次全面检查，检查图纸是否完整、各部分尺寸是否有误、有无施工说明等，重点要明确施工意图。

②计算工程量。工程量是编制概预算的基本数据，其准确性直接影响到工程造价的准确度。计算工程量时要注意以下几点：

● 先熟悉图纸的内容和相互关系，注意搞清有关标注和说明。

● 计算的单位要与编制概预算时依据的概预算定额单位一致。

● 计算的方法一般可依照施工图顺序由上而下、由内而外、由左而右依次进行。

● 要防止误算、漏算和重复计算。

● 将同类项加以合并，并编制工程量汇总表。

③套用定额，选用价格。工程量经复核无误方可套用定额。套用定额时，应核对工程内容与定额内容是否一致，以防误套。

④计算各项费用及造价。根据费用定额的计算规则、标准分别计算各项费用，并按通信建

125

设工程概预算表格的填写要求填写表格。

⑤复核。对表格内容进行一次全面检查。检查所列项目、工程量、计算结果、套用定额、选用单价、取费标准及计算数值等是否正确。

⑥编写编制说明。复核无误后,进行对比、分析,编写编制说明。凡概预算表格不能反映的事项及编制中必须说明的问题,都应用文字表达出来,以供审批单位审查。

⑦审核出版。审核,领导签署,印刷出版。

(二)通信建设工程预算文件编制示例

1. 光缆线路工程施工图预算已知条件

本工程是××市××端局至××接入机房新建光缆线路工程一阶段施工图设计。

施工地点在城区,为平原地区,施工企业距施工现场20 km。

本工程不成立筹建机构,不委托监理。

设计图纸说明:

①自××端局至××接入机房全程敷设 GYTA-48 芯光缆。

②进入接入机房敷设墙壁光缆为订固式。

③人孔内均无积水。

④沿途所用管孔、电力杆路均为原有资源。

主材运距为100 km 以内。

本工程勘察设计费给定为2 000 元,不计建设单位管理费、可行性研究费、研究试验费、环境影响评价费、劳动安全卫生评价费、生产准备及开办费。

本工程光缆中继段测试采用单窗口(1 310 nm)。本工程主材单价按××市电信《常用电信器材基础价目表》取定,见表1-4-39。

表1-4-39 主材单价表

序号	主材名称	规格程式	单位	单价(元)
1	光缆	GYTA-48	m	38.31
2	塑料管		m	3.1
3	胶带(PVC)		盘	1.38
4	托板垫		块	0.78
5	聚乙烯塑料管		m	3.21
6	镀锌铁线	φ1.5 mm	kg	5.86
7	镀锌铁线	φ4.0 mm	kg	5.74
8	光缆托板		块	8.00
9	电缆卡子		套	0.29
10	保护软管		m	66.25
11	电缆挂钩		只	0.24
12	钢管卡子		只	1.35
13	铸铁直管	φ100	根	136.00
14	铸铁弯管	φ100 × 3 000	根	120.00
15	光缆成端接头材料		套	65.00
16	光缆接续器材		套	1 000.00

2. 工程量统计

①施工测量工程量(单位:100 m):

架空光缆工程施工测量 = 路由丈量长度 = (63 + 30 + 25) ÷ 100 = 1.18(100 m)

此处,室外墙壁光缆的施工测量作为架空光缆处理。

管道光(电)缆工程施工测量 = 路由丈量长度 = 4615 ÷ 100 = 46.15(100 m)

②敷设管道光缆(60 芯以下)(单位:千米条):

数量 = 施工测量长度 × (1 + 5‰) + 设计预留 = (4 615 × 1.005 + 70) ÷ 1 000 ≈ 4.708(千米条)

③平原地区架设架空光缆(60 芯以下)(单位:千米条):

数量 = 施工测量长度 × (1 + 5‰) + 设计预留 = (63 × 1.005) ÷ 1 000 ≈ 0.063(千米条)

④架设钉固式墙壁光缆(单位:百米条):

数量 = 施工测量长度 × (1 + 5‰) + 设计预留 = (55 × 1.005) ÷ 100 ≈ 0.55(百米条)

⑤布放槽道光缆(单位:百米条):

数量 = (110 + 55) ÷ 100 = 1.65(百米条)

⑥安装引上钢管(墙上)(单位:根):

数量 = 1.0(根)

⑦穿放引上光缆(单位:条):

数量 = 1.0(条)

⑧光缆成端接头(单位:芯):

数量 = 48 + 48 = 96(芯)

⑨光缆接续(48 芯以下)(单位:头):

数量 = 2.0(头)。

⑩40 km 以下光缆中继段测试(48 芯以下)(单位:中继段):

数量 = 1.0(中继段)

将上述工程量汇总,主要材料用量统计见表1-4-40

表1-4-40　主要材料用量统计

序号	项目名称	定额编号	工程量	主材名称	规格型号	单位	主材使用量
1	敷设管道光缆 (60 芯以下)	TXL4-011	4.708 (千米条)	管道光缆	GYTA-48	m	1 015 × 4.708 = 4 778.62
				塑料管		m	26.7 × 4.708 = 125.7
				胶带(PVC)		盘	52 × 4.708 = 244.82
				镀锌铁线	1.5 mm	kg	3.05 × 4.708 = 14.36
				镀锌铁线	φ4.0 mm	kg	20.3 × 4.708 = 95.57
				光缆托板		块	48.5 × 4.708 = 228.34
				托板垫		块	48.5 × 4.708 = 228.34
2	架设钉固式 墙壁光缆	TXL4-050	0.55 (百米条)	墙壁光缆	YTA-48	m	100.7 × 0.55 = 55.39
				电缆卡子		套	206 × 0.55 = 113.3
3	平原地区架 设架空光缆 (60 芯以下)	TXL3-178	0.063 (千米条)	架空光缆	GYTA-48	m	1 007 × 0.063 = 63.44
				镀锌铁线	φ1.5 mm	kg	1.02 × 0.063 = 0.064
				保护软管		m	25 × 0.063 = 1.58
				电缆挂钩		只	2 060 × 0.063 = 129.78

续表

序号	项目名称	定额编号	工程量	主材名称	规格型号	单位	主材使用量
4	布放槽道光缆	XL4-061	1.65 (百米条)	槽道光缆		m	$102 \times 1.65 = 168.3$
5	安装引上 钢管(墙上)	TXL4-042	1 (根)	钢管卡子		只	$2.02 \times 1 = 2.02$
				管材(直)	$\phi100$	根	$1.01 \times 1 = 1.01$
				管材(弯)	$00 \times 3\,000$	根	$1.01 \times 1 = 1.01$
6	穿放引上光缆	TXL4-046	1	引上光缆	GYTA-48	m	3.0(按图纸)
				镀锌铁线	1.5 mm	kg	$0.1 \times 1 = 0.1$
				聚乙烯塑料管		m	3.0(按图纸)
7	光缆成端接头	TXL5-015	96	光缆成端接头材料		套	$1.01 \times 1 = 1.01$
8	光缆接续 (48 芯以下)	TXL5-004	2	光缆接续器材		套	$1.01 \times 1 = 1.01$

3.施工图预算编制

(1)工程概况

本工程为××市××端局至××接入机房新建光缆线路工程一阶段施工图设计。敷设管道光缆 4.708 千米条;敷设架空光缆 0.063 千米条;架设墙壁光缆 0.55 百米条;布放槽道光缆 1.65 百米条。预算总价值为 250 060 元,其中建安费 245 536 元,工程建设其他费 4 522 元,预备费 10 002 元。总工日为 311.16,其中技工工日为 161.53,普工工日为 149.63。

(2)编制依据

①施工图设计图纸及说明。

②工信部规〔2008〕75 号"关于发布《通信建设工程概算、预算编制办法》及相关定额的通知"。

③××市电信《常用电信器材基础价目表》。

(3)工程经济技术指标分析

本单项工程总投资 250 060 元,其中建安费 245 536 元,工程建设其他费 4 522 元,预备费 10 002 元。

其他需说明的问题(略)。

(4)预算表格

工程预算总表(表一)见表 1-4-41,表格编号:B1。

建筑安装工程费用预算表(表二)见表 1-4-42,表格编号:B2。

建筑安装工程量预算表(表三)甲见表 1-4-43,表格编号:B3J。

建筑安装工程施工机械使用费预算表(表三)乙见表 1-4-44,表格编号:B3Y。

建筑安装工程仪器仪表使用费预算表(表三)丙见表 1-4-45,表格编号:B3B。

器材预算表(表四)甲见表 1-4-46,表格编号:B4J。

工程建设其他费用预算表(表五)甲见表 1-4-47,表格编号:B5J。

表 1-4-41　工程预算总表(表一)

单项工程名称:光缆线路工程　　　　建设单位名称:×××　　　　　表格编号:B1　　第　　页

序号	表格编号	费用名称	小型建筑工程费	需要安装的设备费	不需安装的设备、工器具费	建筑安装工程费	其他费用	预备费	总价值	
					(元)				人民币(元)	其中外币( )
I	II	III	IV	V	VI	VII	VIII	IX	X	XI
1	B2	建筑安装工程费				245 536			245 536	
2		工程费				245 536			245 536	
3	B5J	工程建设其他费					4 522		4 522	
4		合计				245 536	4 522		250 058	
5		预备费[×4%]						10 002	10 002	
6		总计				245 536	4 522	10 002	260 060	

设计负责人:×××　　　　审核:×××　　　　编制:×××　　　　编制日期:×××年×月

表 1-4-42　建筑安装工程费用预算表(表二)

单项工程名称:光缆线路工程　　　　建设单位名称:×××　　　　　表格编号:B2　　第　　页

序号	费用名称	依据和计算方法	合计(元)
I	II	III	IV
	建筑安装工程费	一 + 二 + 三 + 四	245 536.08
一	直接费	(一) + (二)	234 094.02
(一)	直接工程费	1 + 2 + 3 + 4	230 120.38
1	人工费	(1) + (2)	10 596.41
(1)	技工费	技工工日 ×48	7 753.44
(2)	普工费	普工工日 ×19	2 842.97
2	材料费	(1) + (2)	211 805.95
(1)	主要材料费	由表四	211 172.43
(2)	辅助材料费	主要材料费 ×0.30%	633.52
3	机械使用费	由表三乙	1 815.84
4	仪表使用费	由表三丙	5 902.18
(二)	措施费	1 ~16 之和	3 973.64
1	环境保护费	人工费 ×1.50%	158.95
2	文明施工费	人工费 ×1.00%	105.96
3	工地器材搬运费	人工费 ×5.00%	529.82
4	工程干扰费	相关人工费 ×6.00%	635.78
5	工程点交、场地清理费	人工费 ×5.00%	529.82
6	临时设施费	人工费 ×5.00%	529.82
7	工程车辆使用费	人工费 ×6.00%	635.78
8	夜间施工增加费	相关人工费 ×3.00%	317.89
9	冬雨季施工增加费	相关人工费 ×2.00%	211.93

续表

序号	费用名称	依据和计算方法	合计(元)
10	生产工具用具使用费	人工费×3.00%	317.89
11	施工生产用水电蒸汽费	人工费×0%	
12	特殊地区施工增加费	总工日×3.2	
13	已完工程及设备保护费	按实计列	
14	运土费	按实计列	
15	施工队伍调遣费	不需计算	
16	大型施工机械调遣费	2×[总吨位×运距×0.62]	
二	间接费	(一)+(二)	6 569.77
(一)	规费	1+2+3+4	3 390.85
1	工程排污费	按实计列	
2	社会保障费	人工费×26.81%	2 840.9
3	住房公积金	人工费×4.19%	443.99
4	危险作业意外伤害保险费	人工费×1.00%	105.96
(二)	企业管理费	人工费×30.0%	3 178.92
三	利润	人工费×30.0%	3 178.92
四	税金	(一+二+三-光缆材料费)×3.41%	1 693.37

设计负责人:×××   审核:×××   编制:×××   编制日期:×××年×月

表 1-4-43 建筑安装工程量预算表(表三)甲

单项工程名称:光缆线路工程   建设单位名称:×××   表格编号:B3J   第   页

序号	定额编号	项目名称	单位	数量	单位定额值		合计值	
					技工	普工	技工	普工
I	II	III	IV	V	VI	VII	VIII	IX
1	TXL1-002	架空光(电)缆工程施工测量	100 m	1.18	0.6	0.2	0.71	0.24
2	TXL1-003	管道光(电)缆工程施工测量	100 m	46.15	0.5	0	23.08	0
3	TXL4-011	敷设管道光缆-60芯以下	千米条	4.708	16.03	30.7	75.47	144.54
4	TXL4-050	架设钉固式墙壁光缆	千米条	0.55	3.34	3.33	1.84	1.83
5	TXL3-178	架设架空光缆-平原-60芯以下	千米条	0.063	13.23	10.77	0.83	0.68
6	TXL4-061	布放槽道光缆	百米条	1.65	0.84	0.84	1.39	1.39
7	TXL4-042	安装引上钢管-墙上	根	1	0.35	0.35	0.35	0.35
8	TXL4-046	穿放引上光缆	条	1	0.6	0.6	0.6	0.6
9	TXL5-070	40千米以下光缆中继段测试-48芯以下	中继段	1	16.1	0	16.1	0
10	TXL5-015	光缆成端接头	芯	96	0.25	0	24	0
11	TXL5-004	光缆接续-48芯以下	头	2	8.58	0	17.16	0
		合计					161.53	149.63

设计负责人:×××   审核:×××   编制:×××   编制日期:×××年×月

表 1-4-44　建筑安装工程施工机械使用费预算表(表三)乙

单项工程名称:光缆线路工程　　　　　建设单位名称:×××　　　　　表格编号:B3Y　　第　页

序号	定额编号	项目名称	单位	数量	机械名称	单位定额值		合计值	
						数量(台班)	单价(元)	数量(台班)	合计(元)
I	II	III	IV	V	VI	VII	VIII	IX	X
1	TXL5-015	光缆成端接头	台班	96	光纤熔接机	0.03	168.00	2.88	483.84
2	TXL5-004	光缆接续(48 芯以下)	台班	2	汽油发电机	0.6	290.00	1.2	348.00
3	TXL5-004	光缆接续(48 芯以下)	台班	2	光纤熔接机	1.2	168.00	2.4	403.20
4	TXL5-004	光缆接续(48 芯以下)	台班	2	光缆接续车	1.2	242.00	2.4	580.80
	合计							8.88	1 815.84

设计负责人:×××　　　　审核:×××　　　　编制:×××　　　　编制日期:××××年×月

表 1-4-45　建筑安装工程仪器仪表使用费预算表(表三)丙

单项工程名称:光缆线路工程　　　　　建设单位名称:×××　　　　　表格编号:B3B　　第　页

序号	定额编号	项目名称	单位	数量	仪表名称	单位定额值		合计值	
						数量(台班)	单价(元)	数量(台班)	合计(元)
I	II	III	IV	V	VI	VII	VIII	IX	X
1	TXL1-002	架空光(电)缆工程施工测量	台班	1.18	地下管线探测仪	0.05	173.00	0.06	10.38
2	TXL4-011	敷设管道光缆(60 芯以下)	台班	4.708	光时域反射仪	0.2	306.00	0.94	287.64
3	TXL4-011	敷设管道光缆(60 芯以下)	台班	4.708	偏振模色散测试仪	0.2	626.00	0.94	588.44
4	TXL3-178	架设架空光缆 – 平原(60 芯以下)	台班	0.063	光时域反射仪	0.2	306.00	0.01	3.06
5	TXL3-178	架设架空光缆 – 平原(60 芯以下)	台班	0.063	偏振模色散测试仪	0.2	626.00	0.01	6.26
6	TXL5-070	40 km 以下光缆中继段测试(48 芯以下)	台班	1	光功率计	2.4	62.00	2.4	148.80
7	TXL5-070	40 km 以下光缆中继段测试(48 芯以下)	台班	1	光时域反射仪	2.4	306.00	2.4	734.40
8	TXL5-070	40 km 以下光缆中继段测试(48 芯以下)	台班	1	偏振模色散测试仪	2.4	626.00	2.4	1 502.40
9	TXL5-070	40 km 以下光缆中继段测试(48 芯以下)	台班	1	稳定光源	2.4	72.00	2.4	172.80
10	TXL5-015	光缆成端接头	台班	96	光时域反射仪	0.05	306.00	4.8	1 468.80
11	TXL5-004	光缆接续(48 芯以下)	台班	2	光时域反射仪	1.6	306.00	3.2	979.20
	总计							19.56	5 902.1

设计负责人:×××　　　　审核:×××　　　　编制:×××　　　　编制日期:××××年×月

表1-4-46 国内器材预算表(表四)甲(国内材料)

单位工程名称:光缆线路工程　　　　　建设单位名称:×××　　　　　表格编号:B4J　第　页

序号	名称	规格程式	单位	数量	单价(元)	合计(元)	备注
I	II	III	IV	V	VI	VII	VIII
1	光缆	GYTA-48	m	5 068.75	38.31	194 183.81	
	小计1(器材原价)					194 183.81	
	[1]运杂费(器材原价×1.00%)					1 941.84	
	[2]运输保险费(器材原价×0.10%)					194.18	
	[3]采购保管费(器材原价×1.10%)					2 136.02	
	[4]采购代理服务费					0.00	
	小计1					198 455.85	
2	塑料管		m	125.7	3.10	389.67	
3	胶带(PVC)		盘	244.82	1.38	337.85	
4	托板垫		块	228.34	0.78	178.11	
5	聚乙烯塑料管		m	3	3.21	9.63	
	小计2(器材原价)					915.26	
	[1]运杂费(器材原价×4.30%)					39.36	
	[2]运输保险费(器材原价×0.10%)					0.92	
	[3]采购保管费(器材原价×1.10%)					10.07	
	[4]采购代理服务费					0.00	
	小计2					965.61	
6	镀锌铁线	1.5 mm	kg	14.52	5.86	85.09	
7	镀锌铁线	4.0 mm	kg	95.57	5.74	548.57	
8	光缆托板		块	228.34	8.00	1 826.72	
9	电缆卡子		套	113.3	0.29	32.86	
10	保护软管		m	1.58	66.25	104.68	
11	电缆挂钩		只	129.78	0.24	31.15	
12	钢管卡子		只	2.02	1.35	2.73	
13	铸铁直管	100	根	1.01	136.00	137.36	
14	铸铁弯管	100×3 000	根	1.01	120.00	121.20	
15	光缆成端接头材料		套	96.96	65.00	6 302.40	
16	光缆接续器材		套	2.02	1 000.00	2 020.00	
	小计3(器材原价)					11 212.76	
	[1]运杂费(器材原价×3.60%)					403.66	
	[2]运输保险费(器材原价×0.10%)					11.21	
	[3]采购保管费(器材原价×1.10%)					123.34	
	[4]采购代理服务费					0.00	
	小计3					11 750.97	
	合计(小计1~3之和)					211 172.43	

设计负责人:×××　　　　审核:×××　　　　编制:×××　　　　编制日期:×××年×月

表 1-4-47　工程建设其他费用预算表(表五)甲

单项工程名称:光缆线路工程　　　　　　建设单位名称:×××　　　　　　表格编号:B5J　　第　页

序号	费用名称	计算依据及方法	金额(元)	备注
I	II	III	IV	V
1	建设用地及综合赔补费		0.00	参见:当地土地征用使用税标准
2	建设单位管理费		0.00	
3	可行性研究费		0.00	计价格〔1999〕1283 号文件
4	试验研究费		0.00	
5	勘察设计费		2 000.00	参见:计价格〔2002〕10 号文件
6	环境影响评价费		0.00	计价格〔2002〕125 号文件
7	劳动安全卫生评价费		0.00	
8	建设工程监理费		0.00	发改委、建设部〔2007〕670 号文件
9	安全生产费	建安费×1.0%	2 521.58	财企〔2006〕478 号文件
10	工程质量监督费		0.00	
11	工程定额测定费		0.00	
12	引进技术及引进设备其他费	表五乙	0.00	
13	工程保险费		0.00	
14	工程招投标代理费		0.00	计价格〔2002〕1980 号文件
15	专利及专利技术使用费		0.00	
16	总计		4 521.58	
17	生产准备及开办费(运营费)	设计定员×生产准备费指标(元/人)	0.00	设计定员×生产准备费指标(元/人)

设计负责人:×××　　　审核:×××　　　编制:×××　　　编制日期:×××× 年 × 月

四、通信工程概预算软件

(一)通信工程概预算软件

通信工程概预算软件是一款用于通信运营商(如中国电信、中国移动、中国铁通、中国联通)及其施工、监理、设计、审计单位的工程概算、预算、决算或结算的造价软件,软件包含以下表格:表一、表二、表三甲、表三乙、表三丙、表四、表五。软件操作简单易用。在表三甲录入定额数据后其他表将自动生成,也可在表四根据实际情况对材料进行修改增加或删除。

软件主要包含以下定额:

中国电信 2011 年发布的 376 号文件:关于发布中国电信 FTTH 工程项目补充施工定额的通知。

中国电信 2009 年发布的 973 号文件:关于发布《中国电信集团 FTTX 等三类工程项目补充施工定额》的通知。

工信部 2008 年发布的 75 号文件第一册:通信电源设备安装工程。

工信部 2008 年发布的 75 号文件第二册:有线通信设备安装工程。

工信部 2008 年发布的 75 号文件第三册:无线通信设备安装工程。

工信部 2008 年发布的 75 号文件第四册:通信线路工程。

工信部 2008 年发布的 75 号文件第五册:通信管道工程。

在使用 2008 年新定额的同时,为方便一些地区使用邮电 1995 年 626 号发布的老定额,软件中也加入了此定额。

软件操作灵活,可以将造价数据导成 Excel 格式、Word 格式、PDF 格式。也可以将 Excel 的数据导入软件中,可以自己增加材料库。支持直接导入或读 Excel 格式的材料库。

软件也细分了定额库。例如,像布放光缆 12 芯以下这种定额,软件在保留标准定额的同时,也扩展出了 4 芯、6 芯、8 芯、12 芯等定额。软件主要有以下特点:

①多窗口操作:可同时打开或新建多个工程文件,一个工程文件就是一个子窗口,通过窗口菜单即可切换,切换已找开的工程。

②操作简单:软件操作简单,通俗易懂,用户可轻松上手。为使用户轻松掌握编制次序,软件将各表的次序调为:工程信息、表三甲、表三乙、表三丙、表四 – 主材、表四 – 设备、表五甲、报表打印,这样从左到右操作就是一分完整的预算。

③可导出多种文件格式:为方便在没有安装该软件的计算机中查看,软件可导出 Excel、Word、PDF 等文件。

④可导入 Excel 或 Word 的表三甲或表四:通过在表三甲按右键,导入外部定额数据,可以自由粘贴 Excel 的数据到软件中,其不要求特定的 Excel 格式,只要是 Excel 数据,皆能自由导进。

⑤软件支持多种定额:软件默认的定额为 2008 通信定额,考虑到有些单位还要使用 1995 年的 626 号定额,软件也置入了这方面的定额,操作方法是,选择"文件"→"新建"命令,在打开的窗口中选择左边的九五定额标准即可。

⑥自动显示相关系数,比如,输入立定额电杆定额后,会自动显示相关的拆除、更换、丘陵市区、山区系数。

⑦用户可自己增加修改定额:通过工具定额库维护,用户可以在相近的标准定额上右击并,复制一条定额,然后进行修改利用。

通信工程概预算软件是以信息产业部通信行业标准(《通信建设工程概算、预算编制办法及费用定额》)为依据,并结合当前通信行业发展现状而研制开发的。系统主要由概预算编制、系统维护及数据 3 部分组成,实现了通信工程设计、施工、竣工验收等各阶段造价管理自动化处理。

软件具有操作方便、计费灵活等特点,广泛适用于通信线路工程、通信设备安装工程、通信管道工程等的新建、扩建、改建工程的概算、预算、结算及决算的编制工作,适用于所有从事通信工程设计、施工、建设的单位及个人,是行业内必备的应用软件。目前比较常见的软件开发商有超人、成捷讯、网天、日嘉、盛发、瑞地、智多星。下面以超人通信工程概预算软件为例进行介绍。

1. 软件特点

超人通信工程概预算软件根据最新工信部规〔2008〕75 号文关于《通信建设工程概算、预算编制办法》及相关定额的通知为依据编制,系统具有广泛适用、定额完整、功能齐全、操作方便、界面美观、计费灵活、性价比高等特点。该系统可运用于各通信运营商(中国电信、中国网通、中国移动、中国铁通、中国联通、中国卫通)及各通信线、设备、无线、管道等项目。

超人通信工程概预算编制软件(2008 版)主要由概预算编制、系统维护及数据库 3 部分组成,实现了通信工程设计、施工、竣工验收等各阶段造价管理自动化处理。该系统具有广泛适用、定额完整、功能齐全、操作方便、界面美观、计费灵活、性价比高等特点,广泛适用于通信线路工程、通信设备安装工程、通信管道工程等的新建、扩建、改建工程的概算、预算、结算以及决算的编制工作。其主要功能及特点如下：

①视窗式操作工作界面、操作简便、定额完整。

②全面兼容并打开国内知名通信概预算软件。

③工程项目管理满足通信项目结算点多等特点，支持工程复制、批量打印、编页号、工程树形管理功能。

④提供图形工程量计算功能，使计算工程量更准、更快，核对更方便。

⑤自动导入 MDB、Excel、DB 电子文件到表三中并自动生成子目及主材等，大大提高了工作效率。

⑥所有报表可直接输出为一个 Excel 文件，省却了原来要合并报表的麻烦，同时格式非常美观。

⑦表三可以按章节进行排序并可以设置定位标签。

⑧工程取费设置一键完成并可手工修改中文计算式并可直接编辑。

⑨自动化计算、更新主材、机械台班。

⑩可以选择各季度价格文件自动更新主材价格。

⑪数据实时保存、自动备份双重安全措施，让数据更加安全。

⑫支持工程数据引用，批量复制功能。

⑬支持报表可视化设计，报表设计简单，效果一目了然。

⑭支持局域网、Internet 协助工作、打开网络共享文件。

⑮支持定额库、主材库、机械库、费率库维护及用户补充。

⑯支持在线升级自动升级程序、信息通知让用户足不出户就可了解最新信息。

⑰提供工程量计算、预算手册、表达式计算器。

⑱提供价格文件管理及各地区材料价格信息下载功能。

2. 软件运行环境

超人通信工程概预算软件在台式计算机、笔记本电脑中均可使用；适用于 Windows 操作系统；MDAC（Microsoft Data Access Component）2.6 以上版本驱动程序。

双击桌面上的 图标，软件会显示登录窗口，如图 1-4-17 所示。

用户输入正确密码后就可进入本软件，如要设置保护密码可在"用户账号管理"中进行设置。用户账号管理可以设置用户名及密码，起到保护系统不被他人使用的目的。

图 1-4-17　概预算软件登录

（1）菜单

通信工程概预算软件主菜单如图 1-4-18 所示。

图 1-4-18　通信工程概预算软件主菜单

单击"工程"菜单，弹出"工程"菜单界面，如图 1-4-19 所示。

单击"编辑"菜单，弹出"编辑"菜单界面，如图 1-4-20 所示。

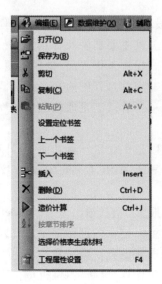

图 1-4-19　"工程"菜单界面　　　　　图 1-4-20　"编辑"菜单界面

单击"数据维护"菜单,弹出"数据维护"菜单界面,如图 1-4-21 所示。

单击"辅助功能"菜单,弹出"辅助功能"菜单界面,如图 1-4-22 所示。

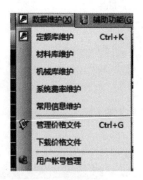

图 1-4-21　"数据维护"菜单界面　　　图 1-4-22　"辅助功能"菜单界面

单击"窗口"菜单,弹出"窗口"菜单界面,如图 1-4-23 所示。

单击"帮助"菜单,弹出"帮助"菜单界面,如图 1-4-24 所示。

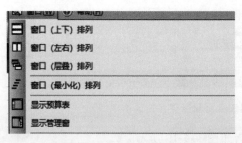

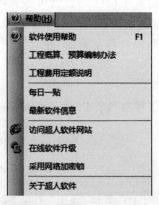

图 1-4-23　"窗口"菜单界面　　　　　图 1-4-24　"帮助"菜单界面

（2）工具栏

常用工具栏列出了常用操作的快捷按钮,如图 1-4-25 所示。

图 1-4-25　常用工具栏

①工程数据的复制与粘贴。复制当前工程的数据到其他位置中。

②撤销功能。如果修改了单元格的内容,单击"撤销"按钮可以依次进行还原,共可还原 10 步操作。

③插入子目。在当前行中插入一个子目行,插入后在"编码"中直接输入定额编号。

④删除子目:可以连续选中要删除子目进行删除。

⑤设置定位标签。当子目很多时,有时要找一个子目会比较麻烦,但通过设置定位标签方式,就可以很快找到此子目所在位置。

⑥上一个标签\下一个标签。向上\向下查找标签,如找到则切换到此行中。

⑦汇总计算。对当前工程重新进行计算。

⑧按章节排序。对当前工程的表三重新按定额章节的顺序进行排序。

⑨项目属性设置。对工程的所有相关属性进行设置包括工程类别、企业资质、工程类型等,详见"项目属性设置"。

（二）通信工程概预算软件应用

1.输入项目名称

进入软件系统后,在"快速向导"对话框,可以打开以前的工程文件,也可以选择相关工程类型创建新的工程造价文件。如图 1-4-26 所示,选择相关工程类型,输入项目名称就可以创建一个新的项目了。

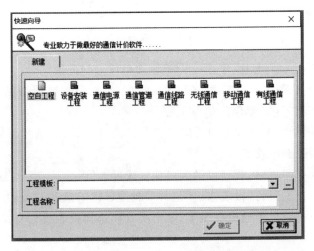

图 1-4-26　创建新的项目

2.新建单项工程或工程修改

选择"第一层" 的项目名称,单击 图标创建单项工程,如图 1-4-27 所示。

选择"第二层" 的单项名称,单击 图标修改单项工程,如图 1-4-28 所示。

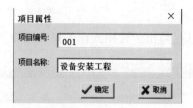

图 1-4-27 创建单项工程   图 1-4-28 修改单项工程

3.新建单位工程

选择"第二层" 的项目名称,单击 图标创建单位工程,如图 1-4-29 所示。

图 1-4-29 创建单位工程

选择"第三层" 的项目名称,单击 图标修改单位工程设置。

复制与粘贴工程:选择"第三层" 复制单位工程;选择"第二层" 粘贴单位工程。

删除工程:选择"第三层" 删除单位工程。

批量输出工程:批量输出针对工程通信点多分散的特点,只需选择要输出的工程就可以全部进行输出大大提高了工作效率。

单击 按钮批量打印表格,管理目录会自动变成可选目录,只需要勾选要输出的工程即可。

选择工程后还要在工程的"报表输出"选择要批量输出的报表,如图 1-4-30 所示。

再单击 按钮就可以批量输出报表了,输出前可以选择报表进行自动编页号,如图 1-4-31 所示。

4.工程属性设置

工程属性设置是通信工程概预算中最重要的环节,因为所有的设置都会影响整个工程的取费方式及计算方法。下面对工程的设置进行——详细介绍。

(1)基本信息设置

基本信息设置后可以在报表输出进行显示,下拉列表框可以自动保存输入的信息,每次使用只需选择即可,如图 1-4-32 所示。

图 1-4-30　报表输出

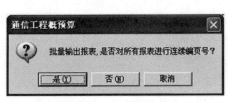

图 1-4-31　报表输出确认

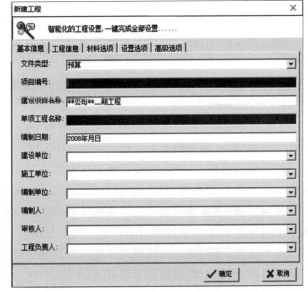

图 1-4-32　基本信息

项目编号:项目编号输入不能重复,应保持当前项目中编号的唯一性。

单项工程名称:项目名称输入不能重复,应保持当前项目中单位工程名称的唯一性。

(2)工程信息设置

"新建工程"或"改扩建工程":选择是否在表三甲中对改扩建工程工日进行调整,如图 1-4-33 所示。

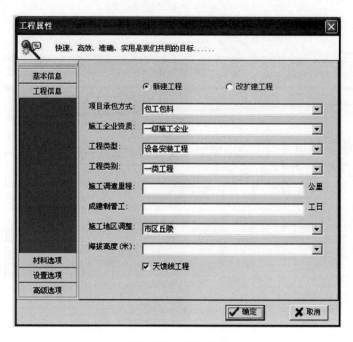

图 1-4-33　工程信息

项目承包方式:分包工包料、包工不包料,该选项会影响施工项目承包费(表一)、材料采购及保管费(表四)。

施工企业资质:邮电通信工程施工企业资质等级标准分为一、二、三、四级,设置后对表二有影响。

工程类型:分为通信线路、设备安装、通信管道。如果是长途线路工程,相关选项在设置选项中详细介绍。

工程类别:通信建设工程按建设项目、单项工程划分为一类工程、二类工程、三类工程、四类工程,设置后对表二有影响。

施工调遣里程:按施工企业基地至工程所在地的里程计算即工程距施工企业基地距离,该数值会影响临时设施费(表二)、施工队伍调遣费(表五甲)及大型施工机械调遣费(表二)。

成建制普工:在成建制普工参与施工时,需要填写成建制普工。成建制普工仅指军民共建部队参与施工的工程项目中的部队工。此部分不计取计划利润。

施工地区调整:只对通信线路工程有效。

海拔高度:只对高原地区设置有效。

天馈线工程:在设备安装工程中设置后认为是移动通信工程并影响工程车辆使用费。

(3)材料选项设置

材料运距(公里):材料运距是材料运杂费的计算依据,设备运距是设备、工器具运杂费的计算依据,如图 1-4-34 所示。

设备的供销部门手续费:供销部门手续费费率按两级中转考虑的为 1.5% ,不需中转的考虑为 1% 。

主要材料\局领材料\设备工具选项:包括是否计取供销部门手续费、材料运杂费、材料保险费、采购及保管费以构成材料价格。

其他选项:是否把光电缆计入设备中,根据中国电信集团综合部印发文件而定。

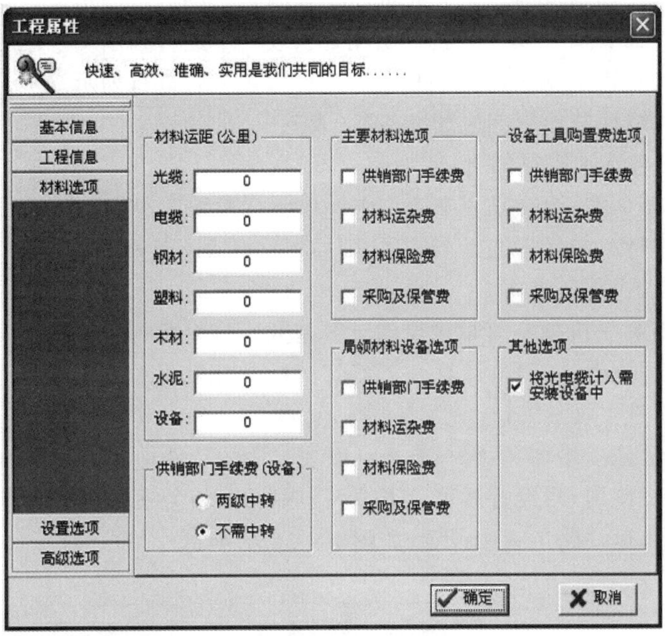

图 1-4-34　材料选项

(4)设置选项

表一选项中"计取预备费",选择是否在表一中计取预备费,如图 1-4-35 所示。

图 1-4-35　设置选项

"表一(选项)"各选项解释如下:

①计取施工项目承包费:选择是否在表一中计取施工项目承包费。

②计取表三甲(需要安装设备):把此费用计入表一中进行列示。

③计取表三甲(不需要安装设备):把此费用计入表一中进行列示。

④计取表三乙(需要安装设备):把此费用计入表一中进行列示。

⑤计取表三乙(不需要安装设备):把此费用计入表一中进行列示。

⑥新增定员人数:该数值影响生产准备费(表五甲)的计算。

"表二(选项)"各选项解释如下:

①计取新技术培训费:选择是否在表二中计取新技术培训费。

②计取局领材料费:如果不选择该选项,则局领材料表不计取材料原价的合计,只计取相关费用(如运杂费、采购及保管费等)。

③计取税金(材料+机械):计取税金时计算基数=材料费+机械费。

④设备安装工程为引进工程:计算表二辅助材料费时根据引进工程要求计取,计算方法=国内主材×5%+引进主材×0.1%。

⑤计取特殊地区施工增加费:选择是否计取表二中的特殊地区施工增加费。

⑥计取仪器仪表使用费:设置后可以下拉列表中选择相关项目,并输入相应的数量。例如,长途线路工程需在长途线路工程中设置,如图1-4-36所示。

图1-4-36　长途线路工程选项

又如,光缆可以在"光缆芯数"中输入,电缆可以在"电缆中继数"中输入。

"表三(选项)"各选项解释如下:

①调整小工日:选择是否要对表三甲进行小工日调整。

②表三甲打折、表三乙打折:可以对表三甲、表三乙的"合计"进行打折,选择该选项后,表格中多出一条折扣记录,打折=合计×打折率。

"表五甲(选项)"各选项解释如下:

①计取监理费:选择是否计取表五甲中的监理费。

②成立筹建机构:该选项影响表五甲中建设单位管理费的取定。

③机械调遣总吨位:该数值影响大型施工机械调遣费(表五甲)的计算。

(5)高级选项

①显示:设置相关表格是否在选项页中显示,如图1-4-37所示。

②表格名称:表格名称,不能修改。

③报表标题:在报表输出中此表格的标题名称。

④表格编号:在报表输出中此表格的表格编号。

⑤自定义工日单价:暂不能设置,但用户可以在表二中直接修改各工日的单价。

⑥人民币汇率:设置人民币兑换外币的比例,设置后对表一、表五乙有影响。

5.表三甲子目输入

表三甲子目输入是通信概预算编制中工作量最大的工作,为了提高工作效率,系统提供了多项高效的解决方案,包括自动导入Excel、MDB格式的文件生成表三甲;录入子目生成表三甲;自动导入其他软件的电子文件及提供工程量计算,如图1-4-38所示。

图 1-4-37　高级选项

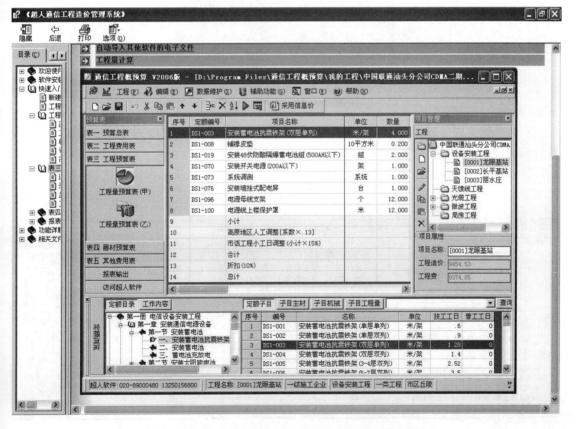

图 1-4-38　自动导入其他软件的电子文件及工程量计算

①在定额表中选择相关定额子目双击录入子目,如图 1-4-39 所示。

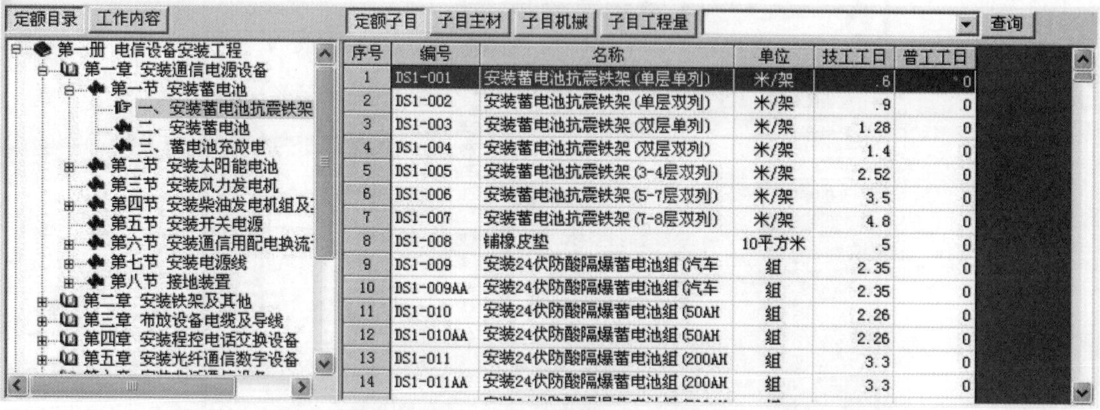

定额目录
工作内容
定额子目
子目主材
子目机械
子目工程量
查询
第一册 电信设备安装工程
第一章 安装通信电源设备
第一节 安装蓄电池
一、安装蓄电池抗震铁架
二、安装蓄电池
三、蓄电池充放电
第二节 安装太阳能电池
第三节 安装风力发电机
第四节 安装柴油发电机组及
第五节 安装开关电源
第六节 安装通信用配电换流
第七节 安装电源线
第八节 接地装置
第二章 安装铁架及其他
第三章 布放设备电缆及导线
第四章 安装程控电话交换设备
第五章 安装光纤通信数字设备
序号 编号 名称 单位 技工工日 普工工日
1 DS1-001 安装蓄电池抗震铁架(单层单列) 米/架 .6 0
2 DS1-002 安装蓄电池抗震铁架(单层双列) 米/架 .9 0
3 DS1-003 安装蓄电池抗震铁架(双层单列) 米/架 1.28 0
4 DS1-004 安装蓄电池抗震铁架(双层双列) 米/架 1.4 0
5 DS1-005 安装蓄电池抗震铁架(3-4层双列) 米/架 2.52 0
6 DS1-006 安装蓄电池抗震铁架(5-7层双列) 米/架 3.5 0
7 DS1-007 安装蓄电池抗震铁架(7-8层双列) 米/架 4.8 0
8 DS1-008 铺橡皮垫 10平方米 .5 0
9 DS1-009 安装24伏防酸隔爆蓄电池组(汽车 组 2.35 0
10 DS1-009AA 安装24伏防酸隔爆蓄电池组(汽车 组 2.35 0
11 DS1-010 安装24伏防酸隔爆蓄电池组(50AH 组 2.26 0
12 DS1-010AA 安装24伏防酸隔爆蓄电池组(50AH 组 2.26 0
13 DS1-011 安装24伏防酸隔爆蓄电池组(200AH 组 3.3 0
14 DS1-011AA 安装24伏防酸隔爆蓄电池组(200AH 组 3.3 0

图 1-4-39　相关定额子目录

②录入工程量,在工程量录入窗口中录入工程量,如图 1-4-40 所示。

输入工程量
定额编号
DS7-003
工程名称:
安装全向天线(地面铁塔上)(40米以下)
工程量:
6
单位:
副
子目属性
新建
拆除
更换
确定
取消

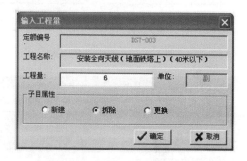

图 1-4-40　录入工程量

在此对话框中可以修改定额名称及工程量,同时选择子目属性可以进行子目调整。在工程量计算表中录入工程量计算过程,详见工程量计算表介绍。

③选择定额目录录入子目,在左边的定额目录窗中,根据目录选择相关定额,如图 1-4-41 所示。

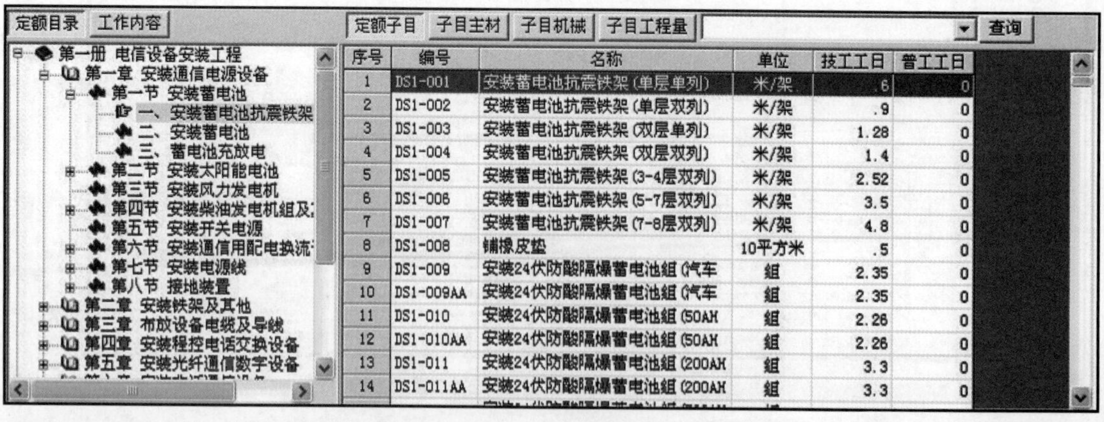

定额目录
工作内容
定额子目
子目主材
子目机械
子目工程量
查询
第一册 电信设备安装工程
第一章 安装通信电源设备
第一节 安装蓄电池
一、安装蓄电池抗震铁架
二、安装蓄电池
三、蓄电池充放电
第二节 安装太阳能电池
第三节 安装风力发电机
第四节 安装柴油发电机组及
第五节 安装开关电源
第六节 安装通信用配电换流
第七节 安装电源线
第八节 接地装置
第二章 安装铁架及其他
第三章 布放设备电缆及导线
第四章 安装程控电话交换设备
第五章 安装光纤通信数字设备
序号 编号 名称 单位 技工工日 普工工日
1 DS1-001 安装蓄电池抗震铁架(单层单列) 米/架 .6 0
2 DS1-002 安装蓄电池抗震铁架(单层双列) 米/架 .9 0
3 DS1-003 安装蓄电池抗震铁架(双层单列) 米/架 1.28 0
4 DS1-004 安装蓄电池抗震铁架(双层双列) 米/架 1.4 0
5 DS1-005 安装蓄电池抗震铁架(3-4层双列) 米/架 2.52 0
6 DS1-006 安装蓄电池抗震铁架(5-7层双列) 米/架 3.5 0
7 DS1-007 安装蓄电池抗震铁架(7-8层双列) 米/架 4.8 0
8 DS1-008 铺橡皮垫 10平方米 .5 0
9 DS1-009 安装24伏防酸隔爆蓄电池组(汽车 组 2.35 0
10 DS1-009AA 安装24伏防酸隔爆蓄电池组(汽车 组 2.35 0
11 DS1-010 安装24伏防酸隔爆蓄电池组(50AH 组 2.26 0
12 DS1-010AA 安装24伏防酸隔爆蓄电池组(50AH 组 2.26 0
13 DS1-011 安装24伏防酸隔爆蓄电池组(200AH 组 3.3 0
14 DS1-011AA 安装24伏防酸隔爆蓄电池组(200AH 组 3.3 0

图 1-4-41　相关定额

④模糊查询子目录入,在查询窗口中输入关键字进行查询,如要显示全部子目可以在下拉列表中选择"显示全部子目",如图 1-4-42 所示。

序号	编号	名称	单位	技工工日	普工工日
704	DS7-001	安装全向天线(楼顶铁塔上)(20	副	7	0
705	DS7-001BA	安装全向天线(楼顶铁塔上)(20	副	8.4	0
706	DS7-002	安装全向天线(楼顶铁塔上)(每	副	1	0
707	DS7-002BA	安装全向天线(楼顶铁塔上)(每	副	1.2	0
708	DS7-003	安装全向天线(地面铁塔上)(40	副	8	0
709	DS7-003BA	安装全向天线(地面铁塔上)(40	副	9.6	0
710	DS7-004	安装全向天线(地面铁塔上)(80	副	1	0
711	DS7-004BA	安装全向天线(地面铁塔上)(80	副	1.2	0
712	DS7-005	安装全向天线(地面铁塔上)(90	副	16	0
713	DS7-005BA	安装全向天线(地面铁塔上)(90	副	19.2	0
714	DS7-006	安装全向天线(地面铁塔上)(90	副	2	0
715	DS7-006BA	安装全向天线(地面铁塔上)(90	副	2.4	0
716	DS7-007	安装全向天线(拉线塔上)	副	9	0
717	DS7-007BA	安装全向天线(拉线塔上)(天线	副	10.8	0

图 1-4-42　显示全部子目

⑤在表三甲直接录入子目,在表三中插入空行,在定额编号中录入定额编号输入子目,显示相关主材及机械,显示工作内容,在左边的定额目录窗中,选择目录,单击"工作内容"可以查阅定额的工作内容,如图 1-4-43 所示。

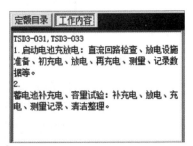

图 1-4-43　工作内容

⑥显示子目主材,选择子目,单击"子目主材"可以查阅定额子目相应的工料项目,如图 1-4-44 所示。

⑦显示子目机械,选择子目,单击"子目机械"可以查阅定额子目相应的机械项目,如图 1-4-45 所示。

材料编号	材料名称	规格程式	数量	单位	单价
HG140101	蒸馏水		107.28	桶	5.95
HG140105	硫酸	98%	35.16	公斤	2.44

图 1-4-44　子目主材

机械编号	机械名称	台班数量	单位	台班单价
JX3238	交流电焊机(21kVA以内)	.02	台班	66.22

图 1-4-45　子目机械

⑧工程量计算表,为了摆脱工程量计算的烦琐,系统提供图形工程量计算功能。通过工程量计算表可以录入工程量计算过程,以方便计算工程量及对审工程量。右击"插入行"可以增加一行,如图 1-4-46 所示。

图 1-4-46　插入行

右击"删除行"可以删除一行。右击"复制"可以复制一行的公式。右击"粘贴"可以粘贴一行的公式。右击"图形工程量"可以调用工程量图形，如图 1-4-47 所示。

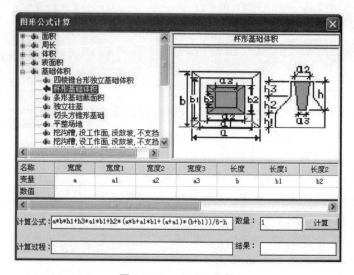

图 1-4-47　图形工作量

只需在参数表中录入相关计算参数即可以完成工程量计算。

自动导入其他软件文件、导入 MDB、Excel 文件，导入通用格式的电子文件可以提高工作效率，可以把以前用 Excel 做的预算文件一次性全部导入系统中。其操作步骤如下：

单击"打开"选择要导入的文件，如图 1-4-48 所示。

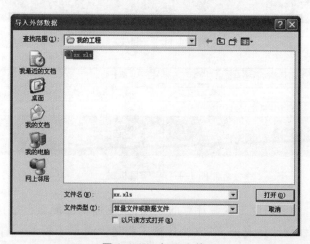

图 1-4-48　打开文件

6.报表预览

超人具有强大的报表功能及丰富的报表资源,能全方位地支持用户完成造价业务。

在报表目录中选择相应报表就可以查看报表预览内容。

预览工具栏,如图1-4-49所示。

图1-4-49　工具栏

基本操作:

①全屏显示:关闭报表目录显示全预览界面。

②放大显示:放大显示报表。

③缩小显示:缩小显示报表。

④上一页:显示上一页。

⑤下一页:显示下一页。

⑥报表边框加粗:所有报表的边框加粗显示。

⑦满页显示:如最后一页报表不足一页显示,则自动追加空行显示。

7.报表输出

可以单选一张报表也可以批量选择输出报表。可以选择输出到打印机,也可以输出到Excel中。

(1)输出到打印机

选择要输出的报表,单击工具栏的打印机输出报表。

只输出当前报表时,设置图1-4-50所示。

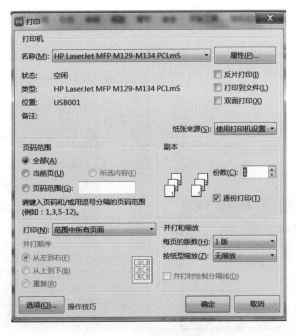

图1-4-50　只输出当前报表

在此界面可以设置打印页码和打印份数。

批量输出报表时,根据默认打印机输出全部选中报表,如图 1-4-51 所示。

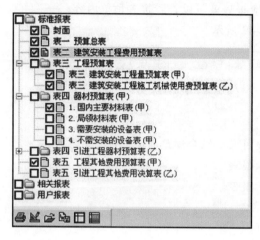

图 1-4-51　打印输出

(2)输出到 Excel

选择要输出的报表,单击工具栏的输出 Excel 报表,如图 1-4-52 所示。

输出报表可以选择导出报表的目录及文件名,建议批量导出 Excel 时存放在指定文件夹中,因为表格可能比较多。

(3)批量输出工程

批量输出针对工程通信点多分散的特点,只需选择要输出的工程就可以全部进行输出,大大提高了工作效率。

单击进行批量打印表格,管理目录会自动变成可选目录,只需要选择要输出的工程即可,如图 1-4-53 所示。

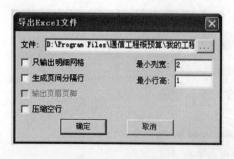

图 1-4-52　输出表格　　　　　　　图 1-4-53　输出项目管理

选择工程后还要在工程的"报表输出"选择要批量输出的报表,如图1-4-54所示。

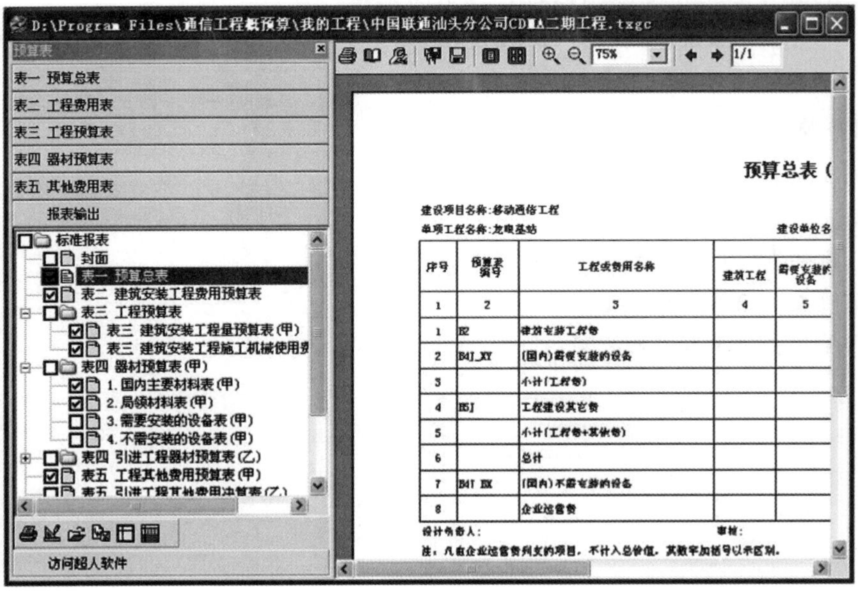

图 1-4-54　选择报表

之后,就可以批量输出报表了。

任务小结

本任务主要讲述了通信工程定额、工程勘察设计收费标准、概预算的定义、作用及构成,以及通信工程概预算软件的安装和应用,通过学习了解通信建设工程项目总费的构成及定额的分类和编制方法,掌握概算文件编制流程、概算文件编制方法及资料的收集。

※ 思考与练习

一、填空题

1.概算是确定和控制固定资产投资,编制和安排投资计划,控制施工图预算的(　　　　　)。

2.建设单位在按(　　　　　)进行工程施工招标发包时,须以设计概算为基础编制标底,以此作为评标决标的依据。

3.(　　　　　)可同时打开或新建多个工程文件,一个工程文件就是一个子窗口。

4.一个通信建设项目如果有几个设计单位共同设计时,总体设计单位应负责统一概预算的(　　　　　),并汇总建设项目的总概算。

5.(　　　　　)、设计人应当遵守国家有关价格法律、法规的规定,维护正常的价格秩序,接受政府价格主管部门的监督、管理。

二、判断题

1.(　　　)按投资用途基本建设分生产和非生产型。

2.（　　）凡由建设单位提供的利旧材料,其材料费也应计入工程成本。

3.（　　）可行性研究的主要内容是财务评价。

4.（　　）施工图预算就是施工预算,它是办理财务拨款、工程贷款和工程结算的依据。

5.（　　）机械使用费中不含经常修理费。

三、简答题

1. 概预算软件支持哪几种定额?

2. 什么是安全生产费?

3. 导出文件有哪几种类型?

4. 如何设置工程属性?

5. 工程量计算的基本准则有哪些?

实践篇
通信工程综合设计

通过对本篇的学习掌握对通信各专业工程设计的基本内容，以下为项目场景。

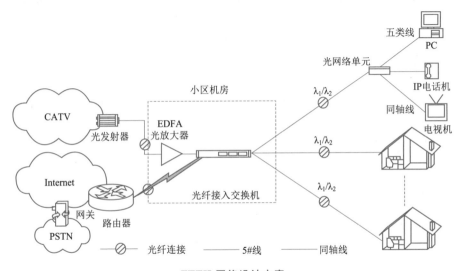

FTTH 网络设计方案

学习目标

- 了解通信各专业工程设计内容。
- 施工图绘制。
- 概预算文件编制。
- 设备的安装。

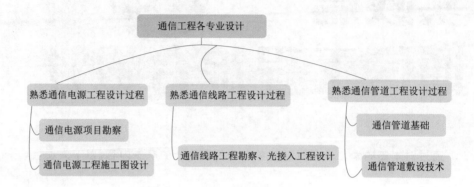

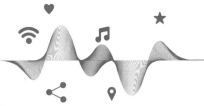

项目二

通信工程各专业设计

任务一 熟悉通信电源工程设计过程

📺 任务描述

本任务主要介绍通信电源系统的基本知识、通信电源的安装调试及施工工艺技术要求、通信电源工程勘察设计流程、通信电源工程施工图设计方法、通信电源安装工程定额及通信电源安装工程的概预算表格。

📖 任务目标

- 了解通信电源系统的基本知识。
- 掌握电源工程的勘察设计流程。
- 掌握电源工程施工图的设计方法。
- 掌握电源工程概预算文件的编制。

📝 任务实施

一、通信电源项目勘察

（一）认识通信电源工程

通信电源系统是现代通信网的动力之源,是通信网的重要组成部分。稳定可靠是通信设备充分发挥其效能的前提,也是确保通信畅通的必要条件,通信电源系统的作用是整体性、全局性和基础性的。没有通信电源系统提优质可靠的电能保障,任何先进的通信设备也只能成为摆设。

1. 通信电源系统的组成和设备

通信系统是由各种不同的通信设备和电源设备组成的。不同的通信设备需要的供电电源重类不尽相同,主要有 380 V/220 V 交流不间断电源和 –48 V、–24 V、+24 V 直流不间断电源。

这些交流和直流不间断电源都是以 380/220 V 市电电源为输入能源,进行适当的电力变换和调节得到的。为了保证市电停电时不间断地为通信设备供电,还需要有备用发电机组和蓄电池。

因此,一个完整的通信电源系统主要由市电电源系统、高压供电系统、变压器系统、低压供电系统、备用发电系统、不间断电源系统、直流系统、后备电源系统、地线系统、防雷系统及动力环境监控系统等多个子系统或设备组成。

在没有市电电源的地区,还需要采用太阳能、风能等作为能源,同样进行适当的电力变换和调节,最后得到通信设备所需要的电源。

(1)市电电源系统

市电电源系统也称外部供电系统,是指从公共电力系统到通信局站降压变电站的供电线路,包括高压架空线路或电缆线路。市电电源是通信电源系统首选的主用输入能源。根据通信局站的需用功率,县以上城市的通信局站常采用两路或一路 10 kV 的电力电缆线路供电,少数通信局站采用 35 kV 的架空线路供电。有的县级城市及以下的通信局站采用 380/220 V 的低压市电电源供电。根据通信局(站)所在地的市电线路引入方式和供电状况,通信电源设计规范将市电电源分为 4 类,并以此作为配置备用电源(蓄电池和备用柴油发电机)的依据。

一类市电供电为从两个稳定可靠的独立电源各自引入一路供电线。该两路不应同时出现检修停电,事故停电次数极少,平均每月停电次数不应大于 1 次;停电时间极短,平均每次故障时间不应大于 0.5 h。两路供电线宜配置备用市电电源源自动投入装置,不会因检修而同时停电,供电十分可靠。长途通信枢纽、程控交换容量万门以上的交换局、大型无线收发信站等规定采用一类市电。

二类市电供电线路允许有计划检修停电,事故停电不多,平均每月停电次数不应大于 3.5 次;停电时间不长,平均每次故障时间不应大于 6 h,供电比较可靠。程控交换容量在万门以下的交换局,以及中型无线收发信站,可采用二类市电。供电应符合下列条件之一的要求:

①由两个以上独立电源构成稳定可靠的环形网上引入一路供电线。

②由一个稳定可靠的独立电源或从稳定可靠的输电线路上引入一路供电线。

三类市电供电为从一个电源引入一路供电线,供电线路长、用户多、平均每月停电次数不应大于 4.5 次,平均每次故障时间不应大于 8 h,供电可靠差,位于偏僻山区或地理环境恶劣的干线增音站、微波站可采用三类市电。

四类市电供电由一个电源引入一路供电线,经常昼夜停电,供电无保证达不到第三类市电供电要求或者有季节性长时间停电或无市电可用。

(2)通信局站降压变电站

通信局站降压变电站是通信电源的主要输入能源和供电枢纽,由高压供系统、降压变压器、低压供电系统 3 个子系统组成。主要配电设备是指由母线、开关设备、补偿设备、计量电器、保护电器、测量电器等组成的受电和配电设备整体。降压变压器的作用是将 10 kV 等高压市电交流电源电压降到 380/220 V,然后由 380/220 V 低压配电屏直接送到建筑负荷设备或经电力变换设备和配电设备送到通信负荷设备。

(3)电力变换设备和配电设备

来自低压配电屏的 380/220 V 交流电源可以直接为一般建筑负载设备(如一般空调和一般

照明等)供电,而通信负载设备需要不间断直流电源和不间断交流电源,交流电源必须经电力变换设备加以适当的变换和调节,才能由配电设备供给通信负荷设备。电力变换设备和配电设备主要包括整流器、DC/DC 变换器、DC/AC 逆变器、UPS 不间断电源和交流配电屏、直流配电屏等系统或设备。

(4)蓄电池组

蓄电池组是目前广泛应用的存储电能的装置,在通信电源系统中用做直流备用电源。当市电正常时,蓄电池被充满电荷;当市电故障时,由蓄电池放电直接供给通信负荷设备或经 DC/DC 变换器、DC/AC 逆变器等变换设备供给通信负荷设备。蓄电池是比较昂贵的设备,为了节省投资,蓄电池的容量一般都控制到尽可能小。蓄电池只能支持通信负载设备连续运行有限的一段时间(一般为几个小时),因此蓄电池组称为通信电源系统的短时间备用电源。

(5)备用发电机组

备用发电机组是通信电源系统的交流备用电源。因为蓄电池组的备用时间较短,当市电电源长时间停电时,为保证通信系统的不间断供电,应有辅助的交流电源供电。这种辅助的交流电源由备用发电机组提供。备用发电机组一般采用固定式或移动式柴油发电机组或燃气轮机发电机组。因为备用发电机组的能源来自柴油燃料,只要燃料充足,备用发电机组就可以连续运行(一般可运行几个小时、几十个小时甚至几天或更长),因此备用发电机组称为通信电源系统的长时间备用电源。

(6)通信电源系统的其他输入能源

通信电源系统的其他输入能源主要有太阳能和风能。这些能源有时可以与市电电源组成混合供电系统。在无市电电源或难以引入市电电源的地区,通常可以由备用发电机组作为主用输入能源。也可以采用太阳能和风能等其他能源。目前在我国一般采用由太阳能电池和蓄电池组成的独立的太阳能供电系统。在国外,还有采用风力发电机、热偶发电机(TEG)、闭环蒸汽涡轮发电机(CCVT)等新型源设备与太阳能电池组成的混合供电系统。

2. 通信电源供电系统的分类

通信电源系统是对通信局站各种通信设备及建筑负荷等提供用电的设备和系统的总称。主要由高压供电系统、变压器系统、低压供电系统、备用发电系统不间断电源系统、直流系统、后备电源系统、地线系统、防雷系统、动力环境监控系统等多个子系统组成。每个子系统又由多个设备组成,比如,高压供电系统包括进线、计量、避雷、PT、出线、联络、转接 7 种常见柜型和数台配电柜。如此多的设备和子系统,在构成整个通信电源供电系统时,主要有 3 种典型方式,即集中供电、分散供电和混合供电。

(1)集中供电方式电源系统的组成

集中供电方式电源系统的组成包括交流供系统、直流供电系统和 UPS 供电系统。交流供电系统提供一般建筑负荷、保证建筑负荷的用电,并提供通信电源的用电。保证建筑负荷是指通信用空调、保证照明、消防电梯、消防水泵等,一般建筑负荷是指一般空调、一般照明及其他发电机组不保证的负荷。

直流供电系统负责向各种通信设备提供不间断的直流电源。

UPS 不间断电源负责对通信设备及其附属设备提供不间断交流电源。

(2)分散供电方式电源系统组成

一个通信局站一般只设置一个总的交流供电系统,向该局站内各个直流供电系统提供低压交流输入电源。交流供电系统和直流供电系统的组成与集中供电方式电源系统的相同。有所不同的是,有多个通信电源系统(如直流供电系统或 UPS 系统等),各个通信电源系统可以分楼层设置,也可以按通信系统设置,设置地点可以是单独的电力电池室,也可以与通信设备在同一机房。

(3)混合供电方式电源系统

混合供电方式电源系统有太阳电池和市电电源组成。系统包括太阳电池方阵、低压市电、调压器、蓄电池、整流器和配电设备及移动电站等。

在正常情况下,由太阳能电池方阵经直流配电屏(内含蓄电池充电控制器)对通信设备供电,同时给蓄电池充电。太阳光较弱时或在夜间,由市电经整流器给通信设备供电。太阳光较弱时或在夜间而且市电故障时,由蓄电池放电给通信设备供电。

(4)不同方式电源系统的优缺点

混合供电方式为新型能源,非常符合节能减排的原则,值得大力推广。但只有在阳光充足或风力充足的特殊情况下才适用,而且,受到场地等诸多因素的限制,适用范围较小。

集中供电方式优点是电源设备比较集中,维护比较方便。适用于规模较小通信局站。

分散供电方式由于供电设备距离通信设备近,配电损耗相对较小,系统效率高;配电电缆及安装费用也小;而且可靠性较高,一部分的故障不会影响到全局供电。

(二)勘察设计通信电源工程

1.工程前期准备

将通信电源工程设计任务书下发到设计部门,设计部门经过确定后发到项目组成员,项目组成员要详细地琢磨任务书上写明的内容,领会此工程即将做什么(是搬迁利旧还是新建电源设备等),要求做到什么程度(确定本次工程设计的分工界面:与外市电引入的分工,与建筑专业设计的分工,与传输、交换、数据等专业的分工)。

2.了解电源专业的电源系统组成、基本术语及明晰各种图标和图例

新设计的大型通信局站原则上采用分散供电方式。

交直流电源系统组成(交流引入—交变直转换—直流输出)如图 2-1-1 所示。

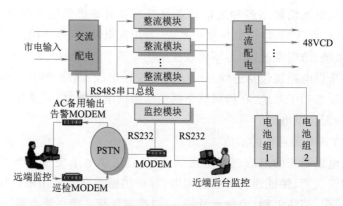

图 2-1-1 交直流电源系统组成

交流电引入:市电分为三相四线制(TN-C 系统:U/V/W/N)和三相五线制(TN-S 系统:U/V/W/N/G),其中 U/V/W 为火线,N 为零线,G 为护地线;市电供应的等级(四个等级:一类市电/二类市电/三类市电/四类市电;它们的区别主要是根据通信局址所处的级别和重要性,市电的高、低要求标准不同,导致允许停电时间长短不同)及电费费率体制[照明和通信系统用电是

单独计费还是统一计费,会导致设计中交流电源线接法不同。例如,现在局方照明系统和通信系统费率体制相同,则照明系统和通信系统直接可以在同一个交流配电输出柜内引接;如果它们费率体制不相同,则照明系统和通信系统则不可以在同一交流输出柜内引接,照明系统或通信系统应该在另装计费器(电表)下的交流系统输出端子引接。交流电源连接如图 2-1-2 所示。

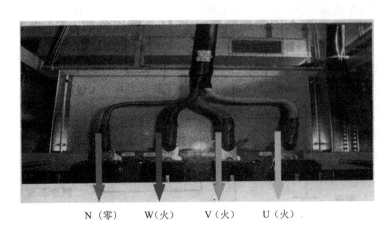

N (零)　　W(火)　　V (火)　　U (火)

图 2-1-2　交流电源连接

3. 交流电源线选取

现代通信通常选择 RVVZ1000 和 RVVZ22 1000 两种电源线型号。RVVZ1000 表示高阻燃铜芯聚氯乙烯绝缘聚氯乙烯护套软电缆(电缆耐压 1 000 V),适用于通信机房内绝大部分场合;RVVZ22 1000 表示铠装高阻燃铜芯聚氯乙烯阻燃聚氯乙烯护套软电缆(电缆耐压 1 000 V),适用于通信机房地槽、地沟等易于挤压破损的场合。在机房设备搬迁改造工程设计中,如果遇到迪信机房内的电源线采用 BV 等系列的情况,除非运营商特殊要求,搬迁改造后新增的电源线首选 RVVZ 系列。

图 2-1-3 体现了 RVVZ1000(3 芯 + 1 芯)电源线缆的内部结构,内含 4 条线。例如,RVVZ1000 $(3 \times 25 + 1 \times 16)$ mm^2 表示这条电源线内含 3 条 25 mm^2 的电源线和 1 条 16 mm^2 的电源线,共计 4 条线;如果采用 RVVZ1000(3 芯 + 2 芯)的电源缆线,则电缆内应含 5 条线,表示方法同上所述。如果在通信工程中采用 RVVZ1000(3 芯 + 1 芯)或者 RVVZ1000(3 芯 + 2 芯)的线,那么这条电源线一定是交流电源线而不是直流电源线。

4. 分级防雷装置

交流屏、整流器(或高频开关电源)设有分级防雷装置,其连接如图 2-1-4 所示。

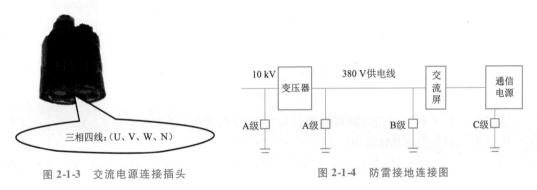

三相四线:(U、V、W、N)

图 2-1-3　交流电源连接插头　　　　图 2-1-4　防雷接地连接图

防雷分级(按冲击电流分级)。通信电源设备的防雷分为 A、B、C 三级。

通信电源耐冲击能力。通信电源设备应能承受模拟冲击电压的波形为 1.2/50,模拟冲击电流波形为 8/20。

冲击电流波幅值:1 级 > 3 kVA,2 级 > 10 kVA,3 级 > 20 kVA。

在工程设计中:A 级防雷由市电引入专业负责,B、C 级防雷由设备厂家按防雷标准配置。需要说明的是:基站中运营商自行定做的壁挂交流配电箱有时可能不会配置防雷装置,此时,要对防雷装置做补充设计,选择好防雷装置后将其并接到交流配电箱输入端,防雷装置 U、V、W 三相前端必须接熔断器,N 相不接。

5. 不间断电源设备 UPS

主要用途:电信系统的计算机网络管理、计费系统和集中监控系统。UPS 主机柜输出为交流电,一般情况下 UPS 蓄电池组由 UPS 设备厂家自带,一个 UPS 主机配一组蓄电池。

UPS 输出电源为保证电源:当市电停电后,UPS 蓄电池组经直流逆变成交流后提供给 UPS 主机电源,UPS 主机提供给负载,延长供电时间,保证各系统的安全可靠性。UPS 电源引入如图 2-1-5 所示。

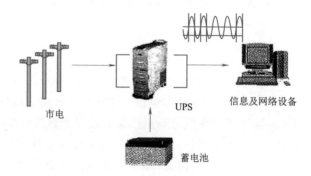

图 2-1-5 UPS 电源引入

中小型机房 UPS 通常以单路电源引入方式运行,如图 2-1-6 所示。

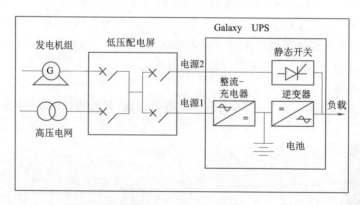

图 2-1-6 单路电源引入

大型综合机房 UPS 通信以两路电源引入方式运行,如图 2-1-7 所示。

6. 工作地和保护地具体区分

保护地:为了保护工作人员的安全而设置的地,使用方式是把各重设备裸露在外的金属外壳接地。

工作地:为了使设备正常工作选用的基准工作电压把各种设备的地相连。

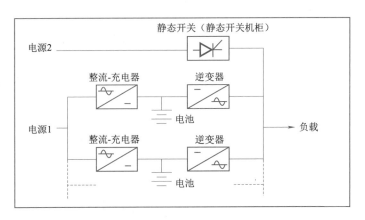

图 2-1-7　两路电源引入方式

7. 在通信工程上要使用负电压的原因

工程设计中总遇到 −24 V、−48 V、−60 V 等术语,那么为什么要用负表示呢? 通信上经常使用负电压供电,把正极接地,主要是为了防止锈蚀,这样可以减少由于继电器线圈或电缆金属电皮绝缘不良产生的电蚀作用,因而使继电器和电缆金属外皮受到损坏。因为在电蚀时,金属离子在化学反应时是正极向负极移动的。通信设备都是以铜、铁、碳等作为主要零部件,在自然状态下,铁会很快锈蚀。正极接地也可以使外线电缆的芯线不致因绝缘不良产生的小电流而使芯线受到腐蚀。但在给运营商提供的电源设备订购表中,设备容量不必写成"负"。例如,某直流配电柜容量最终确定电流为 2 000 A,那么此直流配电柜订购清单可写成"2000 A 直流配电柜"。−48 V 在设计上只是电源线实际接法的体现。

8. 熟悉电源输出的构件(空开和熔丝)

勘察机房电源专业其中的一项就是详细标示出电源内部各个端子占用、空余情况,特别是在机房搬迁、设备改造过程中更是不可避免,直接接触的就是电的构件空开和熔丝。

空开和熔丝的体积大小、型号、容量都有差异,故在实际勘察中要明确其型号、容量等。体积:容量大的体积就大,容量小的体积小;型号:每个厂家的标识型号都是不一样的,在空开或熔丝表面就能看出;容量:在其表面均有标识,空开容量标识通常是 C16A、C32A、C63A 等,熔丝容量标识通常直接为 32 A、63 A、200 A、400 A 等。

勘察中需要注意通信机房内现有的直流电源机柜内输出单元每排可放多少安的空开多少个,可放几排。空开或熔丝物理安装结构、位置一定要表示清楚不要只记录多少安容量的空开/熔丝有多少个,因为机柜内的位置是有限的,每排能容下的空开或熔丝个数是一定的,一旦在设计中需要掉换空开或熔丝的情况,能不能安装就成问题。例如,勘察中有 200 A 的熔丝,设计中需要 400 A 的熔丝,400 A 熔丝容量比 200 A 的大,体积也就大,安装到原位置就不一定适合。

照明电路:熔体额定电流 > 被保护电路上所有照明电器工作电流之和。

通信设备:熔体额定电流 = (1.5 ~ 1.7) × 通信设备负荷电流。

至于在工程中选择多大容量的空开或熔丝,选择单路还是双路,每路多个端子,这些问题其实很简单:要明确在此机房内将来会安装的设备,了解设备详细的情况(如厂家、设备满配功耗/典型值、设备是否主备双路供电,是传输设备、交换设备还是数据设备等,摸清这些情况后,

通过 $I_{MAX} = P/U$ 算出通信设备最大电流 I_{MAX},然后选择空开/熔丝的容量取定为 $(1.5 \sim 1.7) \times I_{MAX}$ 即可,表 2-1-1 中列出了列柜容量。

表 2-1-1 列柜容量

列柜	总电源		分路电源		告警电源 I	
形式	路数	熔断器(断路器)系列/A	路数	熔断盒(断路器)系列/A	路数	熔断器
窄架	单路	63,80,100,200	8,16,32	6,10,16,20	单路	3 A
	双路		$2 \times 8, 2 \times 16$			
宽架	单路	100,200,300	16,32,64	25,32		
	双路		$2 \times 8, 2 \times 16, 2 \times 32$			

9. 工程勘察

到局/站现场后,首先向局方了解市电引入的情况,了解各通信机房的相对位置、结构,楼间电源上下线路由等大框,有的电源线是走竖井,有的电源线是走地槽,一定要明确。确定电力主机房、油机房和通信机房高度,以便确定上下电源线缆长度。

其次向局方了解大楼供电系统的大致情况(大楼照明用电、空调用电、通信设备用电等),通信设备现在负荷,近期或者将来计划安装设备的情况,估算出机房将来交/直流总负荷,统计并做详细记录。

然后进入各专业通信机房,先到电力电池机房(通常在一楼)记录机房内详细情况,后到通信设备机房记录详细情况。

机房负荷及相关数据调查:

① 交流配电容量(A)、可用路数;直流配电容量(A)、可用路数;整流模块电流(A)(配置原则与电池的充电电流和负载电流有关)、最大放置块数;现有电池容量(AH);通信设备功耗(显示屏上读取)。

② 画出机房平面布置图,确定机房方位(指北)。

③ 画出局/站内原有电源设备外形尺寸图(高×宽×深),标明厂家名称及型号、规格,接线端子位置,空闲保险(熔丝和空开)有多少个,分别为多少安,端子图要非常详细。

④ 找到机房工作地排和保护地排的具体位置和各上下线孔/槽位置。

⑤ 如果机房为租用机房,则要向局方了解机房的现承重数据,以便考虑设计中是否进行承重处理。

⑥ 通信机房勘察阶段一定要和机房内各专业的负载人了解各专业的详细情况(哪些设备是双路输入的,哪些设备是单路输入的),整理并做好记录。

⑦ 中标电源设备厂家工程主要负责人的详细联系方式,以便将来向其了解电源设备的具体情况(如合同价格、技术参数和相应的设备数据等)。

勘察完毕后向局方相关领导细致地汇报勘察情况并记录公司领导对工程的一些具体要求。

二、通信电源工程施工图设计

勘察阶段画的草图需要按统一比例形成电子版,图纸美观,各图标图号符合标准,在摆放新增的电源设备时,机房整体考虑,不要随意将设备摆放,考虑消防通道的预留、空调送风等问题,合理安排设备布局。尽量不要把电源设备和其他设备摆放在一起,尤其是电源电缆不要和天馈线混在一起,电源电电缆的高压(强)和低压线(弱)在走线架上敷设时,应分别放在两侧。

(一)交流配电柜配置

交流配电柜的容量选择要根据局方提供的将来设备交流总功耗计算。

例如,某通信机房 380 V 供电通信空调两台,共计耗电 18 kW,照明用电 100 A。数据设备、PC 终端等耗电按 150 A 计算,近期其他 220 V 供电预留 50 A。

计算配电柜容量:$P_{总功耗} = (P_{空调} + P_{照明} + P_{数据}、P_C + P_{预留})/n_{功率因素} = (18\ 000 + 220 \times 100 + 220 \times 150 + 220 \times 50)/0.8 = 105\ 000$(W)

$k = R_{总功耗}/U = 105\ 000/400 = 263$(A),其中功率因数会因设备厂家的不同而有差异,在此取 0.8。故近期配置 380 V/263 A 的即可,考虑到将来增加设备,同时按国家交流电流系列标准,综合取定本机房新增交流配电柜容量为 380 V/400 A,能满足中远期交流负载需求。常用设备的效率、功率如表 2-1-2 所示。

表 2-1-2　常用设备的效率、功率因素

因素 \ 设备	电动发电机	硒整流器	硅整流器	可控硅整流器	交流通信设备	照明	逆变器
效率/%	65	70	75	80	80	0.8	80
功率因数	0.7	0.7	0.7	0.7	0.8	1	

交流配电屏/箱电流标准系列(单位:A):50,100,200,400,630,800,1600。

例如,380 V/400 A 表示交流配电屏三相输入 380 V、400 A 的容量,输出功耗小于输入功耗。

交流配电屏输出:分三相输出(380 V)和单相输出(220 V),为保证相平衡,三相输出分路最好配为 3 的倍数。例如,某交流配电屏输出配置为三相 3 × 16 A,三相 3 × 32 A,三相 3 × 63 A。

交流熔断器的额定电流值选定原则:照明回路按实际负荷配置,其他回路不大于最大负荷电流的 2 倍(1.5 ~ 1.7 倍),注意空调启动电流可达最大电流的 4 ~ 7 倍,故在选配熔断器的时候要特别注意。

(二)UPS 配置

UPS 的容量选择要根据局方提供的通信机房内重要交流负载的总功耗计算。

例如,某网管监控中心要单独配置一套 UPS,有 50 台计算机终端,每台功耗按 300 W 估算,则 $P_{总功耗} = 300 \times 50 = 1\ 500$(W),$P_{总功耗} = 1\ 500/0.7 = 2\ 143$(V·A),故 $P_{总功耗} = P_{总功耗}/1\ 000 = 2\ 143/1\ 000 = 2.143$(kV·A),由于计算机终端属于单相 220 V 供电,综合取定选择单相输入单相输出 3 kV·A UPS 主机柜。

对于三相输入单相输出和三相输入三相输出情况同上所述,工程设计中明确通信机房设备实际需求(是三相还是单相输入),然后相应选择 UPS 主机柜是三相还是单相输出。

UPS 主机柜容量标准系列如下:

单相输入单相输出设备容量系列(kV·A):0.5,1,2,3,5,8,10。

三相输入单相输出设备容量系列(kV·A):5,8,10,15,20,25,30。

三相输入三相输出设备容量系列(kV·A):10,20,30,50,60,80,100,120,150,200,250,300,400,500,600。

UPS 输出:分三相输出(380 V)和单相输出(220 V)。

UPS 选配需要说明的问题:选配什么品牌的 UPS 电源要根据运营商的具体情况确定,但有一点必须明白,就是所有欲选配 UPS 电源的功率(单位统一)必须略大于负载的实际功率,才能使 UPS 电源可靠地工作。另外,功率是电能的单位一般用瓦特(W)来表示,而国际上用电流安(A)和电压伏(V)的乘积表示(V·A 为视在功率)。视在功率伏安(V·A)与有用功率瓦特(W)的换算方法为:视在功率伏安(V·A)数乘以 0.7 ~ 0.8 即为有用功率瓦特(W),如下:

V·A × 0.7(或 0.8) = W。

(三)直流配电柜配置

直流配电屏的容量选择要根据局方提供的将来设备直流总功耗计算。

例如,某新建传输交换综合机房中远期计划新增传输设备 8 架(满配功耗按 8 kW),新增 1 套 20 000 门模块局交换机(每门按 1 W,满配功耗按 20 kW 设备电源),均为双路输入,大楼采用分散供电方式,此机房新建一个直流配电柜专供传输和交换设备,求直流配电柜容量。

$P_{直流总输出} = P_{传输} + P_{交换} = 8\,000 + 20\,000 + 28\,000(\text{W})$。

则直流配电柜输入电流 $/ = P_{-,-}a/48 = 28\,000/48 = 583$(A)。

综合取定直流配电柜的容量为 48 V/800 A,直流配电柜采用双路 48 V/800A 输入。

直流配电屏的输入/输出可分单路输入/输出和双路输入/输出,看通信设备实际需求确定。

直流配电屏电流标准系列(单位:A):50,100,200,400,800,1600,2000,2500。

例如,现在需要一单路 400 A 输入的,表示为 48 V/400 A;如果需要 2 路 400 A 主备输入的,表示为双路 48 V/400 A[或 2 × (48 V/400 A)]。

直流配电屏输出:单路或双路输出。需要说明的是,如果为双路输出,应从两路中端子分别引接,不可从一路中两个端子引接。

直流熔断器的额定电流值选定原则:额定电流值应不大于最大负载电流的 2 倍。各专业电流熔断器的额定电流应不大于最大负载电流的 1.5 倍。

二级直流输出(列头柜)的选配原则同直流配电柜选配。

(四)高频开关电源配置

高频开关电源是交直流输出混合柜(即既有交流输出单元,又有直流输出单元),开关电源的容量选择要根据站内设备总交直流功耗计算。

基站一般单个为 30 A 或 50 A 的整流模块,局用一般单个为 100 A 的整流模块;有很多厂家的基站用高频开关电源有二次下电的功能,一般一次下电接无线设备,二次下电接传输设备。

整流模块采用均流技术,所有模块共同分担负载电流,一旦其中某个模块失效,其他模块再平均分摊负载电流。

电源系统整流模块根据 $N+1$ 冗余配置原则,整流模块单体的配置主要由以下 3 方面共同决定:

① 电源系统所带负载总电流的大小。

② 蓄电池的充电电流(电池容量 ×25%)。

③ $N+1$ 备份(当 $N>10$ 时,模块数量则为 $N+2$)。

主用整流模块数量 N 由以下公式计算:

$$N = \frac{I_L + I_C}{I_{单体额定输出}}$$

式中，I_L 为负载总电流；I_c 为蓄电池的充电电流；$I_{单体额定输出}$ 为所选单体的额定输出电流。

例如，××移动工程规划某基站内远期配置 MBI5 基站设备 3 架，每机架 27A，中兴 SDH155/622M 1 端，每端 10 A，配置 2 组 500 AH 蓄电池，照明用电按 2 A 计算，求高频开关电源容量及整流模块单元单体配置数量。

此基站内负载总电流为：$I_{总} = I_{基站} + I_{传输} + I_{电池充电} = 27 \times 3 + 1 \times 10 + 500 \times 25\% = 216$（A）。

$P_{开关电源输入} \times 0.85 = P_{基站总输出}$（其中，0.85 表示高频开关电源功率因数取定值）。

基站总输出功耗 $P_{开关电源输入} = P_{基站总输出}/0.85 = (48 \times 216 + 220 \times 2)/0.85 = 12\ 716$（W）。

高频开关电源容量计算 $= 12\ 716/48 = 265$（A），综合取定容量的值为 48 V/300 A。

选定单体模块容量为 50 A 的，则 $N = 216/50 = 5$（块），$N + 1$ 备份，按 6 块配置（满配置），故此工程远期按 6 个模块配置，近期由于基站设备机架较少，同样可以根据上面公式计算出结果。

（五）蓄电池组/柜配置

蓄电池组选择类型为：免维护阀控式密封铅酸蓄电池，即 VRLA。

阀控式密封铅酸蓄电池容量系列（10 h 率）（单位：Ah）：30,50,60,80,150,200,300,400,500,600,800,1 000,1 200,1 500,2 000,2 500,3 000。

移动通信基站蓄电池组放电时间应为 1～3 h。对基站传输设备的供电时间，工程设计中通常按不小于 20 h 考虑。

工程程设计中，局配置的蓄电池容量通常为 1 000～3 000 Ah/组，即局蓄电池总容量在 2 000～6 000 Ah；基站配置的蓄电池容量通常为 300～500 Ah/组，即基站蓄电池总容量在 600～1 000 Ah。

（六）计算电源线线径

交流电源线线径计算（经济电流密度法）：$S = I/2.5$，$I = P/U$，见表 2-1-3。

表 2-1-3 直流电源所用缆线截面积（电流矩法）

STEP1：$I = P/220$（P 为所带设备功率）				
STEP2：电源线面积 $S = I/2.5/mm^2$				
				交流 220 V
额定功率 P/W	1 000	手填	"千瓦"转化成"瓦"	
电压/V	220			
电流 I/A	4.545 455			
交流电源线截面积 S/mm^2	1.818 182	结果		
电源线面积 $S = I/2.25/mm^2$				
额定功率 P/W		手填	"千瓦"转化成"瓦"	
电压/V	380			交流 380 V
电流 I/A	100			
交流电源线截面积 S/mm^2	44.444 44	结果		
	1.732			
相线线径	25.660 76			

直流压降分配：-48 V 直流全程压降为小于 3.2 V 和小于 2.7 V，-48 V 全程各段分配情

况见表2-1-4。

表 2-1-4　 −48 V 全程各段分配情况(经验值)

电池放电门限电压	电池 − 电源	电源	电源 − 分配屏	分配屏	分配屏 − 设备	备注
	0.5	0.3	1.1	0.3	1	全程允许电压降为 3.2 V
43.2	42.7	42.4	41.3	41	40	设备要求最低电压 40 V
	0.5	0.3	1.1	0.3	0.5	全程允许电压降为 2.7 V
43.2	42.7	42.4	41.3	41	40.5	设备要求最低电压 40.5 V

(七)接地系统的设计

接地系统分为工作地、保护地和防雷接地。接地线宜短、直,截面积为 35 ~ 95 mm²,材料为多股铜线。接地引入线长度不宜超过 30 m,其材料为镀锌扁钢,截面不宜小于 40 mm × 4 mm 或不小于 95 mm² 的多股铜线。接地引入线由地网中心部位就近引出与机房内接地汇集线连通,对于新建站不应少于两根。

接地汇集线一般设计成环形或排状,材料为铜材,截面积不应小于 120 mm²,也可采用相同电阻值的镀锌扁钢。

根据经验,保护接地线选取定为:走线架、传输、交换设备机壳接地采用 1 × 16 mm²,交、直流配电柜保护接地采用 35 ~ 50 mm²,MDF 接地 50 mm²。地线的接地电阻设计如下:

① 大的枢纽局、程控交换局(万门以上)、汇接局、国际电话局、电信局、综合楼及长话局(大于 2 000 门以上)接地电阻小于 1 Ω。

② 程控交换局(2 000 ~ 10 000 门)2 000 门以下的长话局,接地电阻小于 3 Ω。

③ 2 000 门以下的程控交换局光中继站、微波站、通信基站接地电阻小于 5 Ω。

埋地引入通信局站的电力电缆应选用金属铠装层电力电缆或穿钢管的护套电缆。埋地电力电缆的金属护套两端应就近接地。在架空电力线路与埋地电缆连接处应装设避雷器。避雷器、电力电缆金属护层、绝缘子、铁脚、金具等应连在一起就近接地。避雷器的接地线应尽可能短,接地电阻尽可能小。

移动通信基站宜设置专用电力变压器,电力线宜采用具有金属护套或绝缘护套电缆穿钢管埋地引入移动通信基站,电力电缆金属护套或钢管两端应就近可靠接地。

交流屏、整流器(或高频开关电源)应设有分级防护装置。

接地体宜采用热镀锌钢材,其规格要求如下:

① 钢管多 50 mm,壁厚不应小于 3.5 mm。

② 角钢不应小于 50 mm × 50 mm × 5 mm。

③ 扁钢不应小于 40 mm × 4 mm。

基站机房工作地、保护地和铁塔防雷地三者相互在地下焊接连成一体作为机房地网。

接地汇集线一般设计成环形或排状,材料为铜材,截面积不应小于 120 mm²,也可采用相同电阻值的镀锌扁钢。

接地引入线由地网中心部位就近引出与机房内接地汇集线连通,对于新建局/站不应少于两根。

我国雷种指直击雷和感应雷、球雷及雷电侵入波,防雷主要防感应雷或雷电侵入波。在 IEC 标准、国标及原邮电部通信电源入网检测中,规定的模仿雷电波形有 10/350 μs 电流波、8/20 μs 电流波、1.2/50 μs 押电压波或 10/700 μs 电压波等,这里的 8/20 μs 电流波是指波头时间为 8 μs、波长时间为 20 μs 的冲击电流,余下类同。

变压器高、低压侧均应各装一组氧化锌避雷器,氧化锌避雷器应尽量靠近变压器装设;变压器低压侧第一级避雷器与第二级避雷器的距离应大于或等于 10 m,严禁采用架空交、直流电缆进出通信局站。

经过上面的各步骤后,就可以提供运营商需要订购的电源设备清单、电源缆线型号、长度等具体数据,以便运营商订货。另外需要说明的是,制作出来的这些表格一定要体现在设计文本或图纸中。

🔧 任务小结

本任务主要介绍通信电源工程设计,以及通信电源工程基础知识,对蓄电池组,备用发电机组、通信局站降压变电站等通信参数及设计数据做了介绍,通过本任务的学习根据相关案例读者能够设计通信电源工程设计、概预算及通信电源工程制图。

※ 思考与练习

一、填空题

1. 施工准备工作主要是为了给施工项目创造有利的(　　　)和(　　　)。

2. 通信局站降压变电站是通信电源的主要输入能源和供电枢纽,由(　　　)、(　　　)、(　　　)3 个子系统组成。

3. 通信电源系统的其他输入能源主要有(　　　)和(　　　)。这些能源有时可以与市电电源组成混合供电系统。

4. (　　　)是对通信局站各种通信设备及建筑负荷等提供用电的设备和系统的总称。

5. 通信电源工程施工图集包括设计概述、(　　　)、电池容量及施工要求。

二、判断题

1. (　　　)程控交换局(2 000~10 000 门)2 000 门以下的长话局,接地电阻小于 5 Ω。

2. (　　　)蓄电池组选择类型为免维护阀控式密封铅酸蓄电池,即 VRLA。

3. (　　　)高频开关电源容量选择,基站一般单个为 30 A 或 50 A 的整流模块,局用一般单个为 100A 的整流模块。

4. (　　　)直流配电屏输出如果为双路输出,应从两路中端子分别引接,不可从一路中两个端子引接。

5. (　　　)直流电源线选取,除运营商特殊要求,优先选择 RVVZ1000 电源线型号。

三、简答题

1. 电源系统的组成有哪些?

2. 进行通信电源工程勘察要进行哪些准备?

3. 电源工程施工图设计过程有哪些内容?

4. 简述直流熔断器的额定电流值选定原则。

5. 简述通信电源工程勘察的内容。

任务二　熟悉通信线路工程设计过程

任务描述

本任务主要介绍了通信线路工程的基本知识、工程勘测的流程及路由选择的基本原则、用户电缆接入网的基本知识及规划设计方法、光缆接入网的基本知识及规划设计方法、直埋光缆线路工程的设计方法、线路工程的工程量统计及概预算文件的编制。

任务目标

- 了解通信线路工程的基本知识。
- 掌握通信线路工程设计的流程。
- 了解光缆接入网基本知识。
- 熟悉通信线路工程概预算文件的编制。

任务实施

一、通信线路工程勘察及光接入工程设计

（一）通信线路工程及工程勘测

1. 通信线路工程概述

电信系统的功能是把发信者的信息进行转换、处理、交换、传输,最后送给收信者,如图 2-2-1 所示。电信系统是各种协调工作的电信设备集合的整体,一个完整的电信系统应由终端设备、传输设备(包括线路)和交换设备三大部分组成。

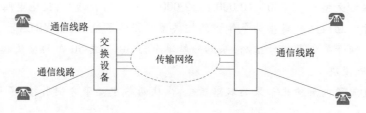

图 2-2-1　电信系统的组成模型

传输设备(包括通信线路)是将电信号、电磁信号或光信号从一个地点传送到另一个地点的设备,它构成电信系统的传输链路(信道),包括无线传输设备和有线传输设备,其中有线传输设备有架空明线、同轴电缆、海底电缆、光缆等传输系统。

通信线路(及其与之连接的复用设备)为交换设备之间以及终端设备与交换设备之间提供传输链路,所以通信线路是通信网重要的组成部分,通信线路工程设计是通信基本建设的重要环节。做好通信线路设计工作,对保证通信畅通、提高通信质量、加快施工速度具有重大意义。

（1）通信线路网的构成

通信线路网应包括长途线路、本地线路和接入线路，其网络构成如图 2-2-2 所示。

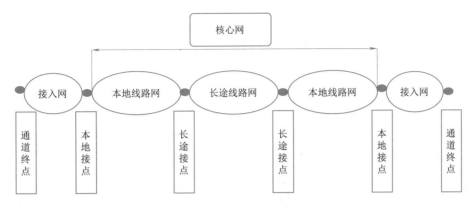

图 2-2-2　通信线路网参考模型

长途线路是连接长途接点与长途接点之间的通信线路。长途线路网是由连接多个长途交换接点的长途线路形成的网络，为长途接点提供传输通道。

本地线路是连接本地接点（业务接点）与本地接点、本地接点与长途接点之间的通信线路（中继线路）。本地网光缆线路是一个本地（城域）交换区域内的光缆线路，提供业务接点之间、业务接点与长途接点之间的光纤通道。

接入线路是连接本地接点（业务接点）与通道终端（用户终端）之间的通信线路。接入网线路是提供业务接点与用户终端之间的传输通道，包括光缆线路和电缆线路。

（2）通信线路网包括光缆线路网和电缆线路网

光缆线路网是指局站内光缆终端设备到相邻局站的光缆终端设备之间的光缆路由，由光缆、管道、杆路和光纤连接及分支设备构成。

电缆线路网指局站内电缆配线架到用户侧终端设备之间的电缆径，由主干电缆、配线电缆和用户引入线及电缆线路的管道、杆路和分线设备、交接设备构成。

（3）通信线路按其结构不同进行的分类

通信线路按其结构不同可分为架空明线、通信光（电）缆。架空明线是沿线路每隔 50 m 左右立电杆一根，上装木担（或铁担）螺脚和隔电子，把导线绑扎在隔电子上，一根电杆上可架设 20 对线。

通信光缆是采用适当的方式将所需条数的光纤束合成缆。通信电缆是将互相绝缘的芯线经过扭绞成导线束——缆芯，再经过压铅后成光皮电缆，如加铠装成铠装电缆。

（4）通信光（电）缆根据敷设方式不同进行的分类

通信光（电）缆根据敷设方式不同，可分为架空光（电）缆、地下光（电）缆（直埋、管道式）和水底光（电）缆。架空光（电）缆是架挂在电杆间的钢绞线上。地下光（电）缆直接埋设在土壤中，或通过人孔放入管道中。通信电缆跨越江河时，一般将钢丝铠装光（电）缆（称水线）敷设在水底，过海的通信光（电）缆敷设在海底，称为海底光（电）缆。

（5）通信线路按其业务不同进行的分类

通信线路按其业务不同，可分为市内电话线路、长途通信线路。

市内电话线路是在一个城市范围内连接所有用户与市话局的线路设备。长途通信线路是连接县城以上城市之间的线路设备。

2. 通信光（电）缆敷设技术

（1）室外光电缆敷设的方式

室外光（电）缆敷设的方式有 3 种：地下管道敷设、直接地下掩埋敷设和架空敷设。

①地下管道敷设。此种方式是被广泛使用的一种方式。用该方式敷设光（电）缆时会遇到 3 种情况：小孔－小孔，即光（电）缆从地上通过一个建筑物的小孔进入地下管道，再从另一个建筑物处的小孔出来；人孔－人孔，即光（电）缆经人孔进入管道，由此牵到另一个人孔，光（电）缆在其中走直线；在有一个或多个转弯的管道中牵引光（电）缆。在上面这些情况中，可以使用人力或机器来牵引，在选择方式时不妨先试一试人工牵引是否可行，若不可行可采用机器进行牵引，但无论何种方式，均需要注意光（电）缆安装弯曲半径、安装应力等规范。在选择能够使用的管道时要注意所选的管道能够保证每条光缆长度在 800 m 之内，同时和电力管道之间必须至少有 8 cm 混凝土或 30 cm 的压实土层隔开。

②直接地下掩埋敷设。该方式适合于距离较远并且之间没有可供架空的便利条件时采用，掩埋深度起码要低于地面 0.5 m，或应符合本地城管部门有关法规规定的深度。选用白：（电）缆外部应有钢带或钢丝的铠装，直接埋设在地下，要有抵抗外界机械损伤的性能和防止土壤腐蚀的性能。要根据不同的使用环境和条件选用不同的护层结构。例如，在有虫鼠害的地区，要选用有防虫鼠咬啮的护层的光缆。

③架空敷设。这种敷设方式可以利用原有的架空明线杆路，节省建设费用、缩短建设周期。架空光缆挂设在电杆上，要求能适应各种自然环境。架空光缆易受台风、冰凌、洪水等自然灾害的威胁，也容易受到外力影响和本身机械强度减弱等影响，因此架空光缆的故障率高于直埋和管道式的光纤光缆。一般用于长途二级或二级以下的线路，适用于专用网光缆线路或某些局部特殊地段。

敷设方法有两种：

吊线式：先用吊线紧固在电杆上，然后用挂钩将光缆悬挂在吊线上，光缆的负荷由吊线承载。

自承式：用一种自承式结构的光缆，光缆呈 8 字形，上部为自承线，光缆的负荷由自承线承载。

当建筑物之间有电线杆时，可以在建筑物与电线杆之间架设钢丝绳，将光电缆系在钢丝绳上；如果建筑物之间没有电线杆，但两建筑物间的距离在 50 m 左右时，亦可直接在建筑物之间通过钢索架设光缆。架空光（电）缆通常距地面 3 m，在进入建筑物时要穿入建筑物外墙上的 U 形钢保护套，然后向下或向上延伸，电缆入口的孔径一般为 5 cm。

如果架空线的净空有问题，可以使用天线杆型的入口。这个天线杆的支架一般不应高于屋顶 1.2 m。这个高度正好使人可摸到光缆，便于操作。

（2）光缆在楼内的敷设

①高层住宅楼。如果本楼有弱电井（竖井），且楼宇网络中心位于弱电井（竖井）内，则光缆沿着在弱电井（竖井）敷设好的垂直金属线槽敷设到楼宇网络中心，否则［包括本楼没有弱电井（竖井）的情况］，光缆沿着在楼道内敷设好的垂直金属线敷设到楼宇网络中心。

②多层住宅楼。光缆铺设到楼宇网络中心所在的单元后，沿楼外墙面向上（或向下）敷设到 3 层后进入楼内，沿墙角、楼道顶边缘敷设到楼宇网络中心所在的位置。

③光缆的固定。在楼内敷设光缆时可以不用钢丝绳,如果沿垂直金属线槽敷设,则只需在光缆路径上每两层楼或 10.5 m 用缆夹吊住即可。

如果光缆沿墙面敷设,只需每 1 m 系一个缆扣或装一个固定的夹板。

(3)光缆的富余量

由于光缆对质量有很高的要求,而每条光缆两端最易受到损伤,所以在光缆到达目的地后,两端需要有 10 m 的富余量,从而保证光纤熔解时将受损光缆剪掉后不会影响所需要的长度。

(4)光纤的熔接和跳接

将光纤与 ST 头进行熔接,然后与耦合器共同固定于光纤端接箱上,光纤跳线一头插入耦合器,一头插入交换机上的光纤端口。

3.通信线路工程勘测

工程勘测的目的是为工程设计和施工提供可靠依据,它直接关系到设计的准确性、施工进度及工程质量。线路工程设计中的"勘测"包括查勘和测量两个工序,随工程的繁、简、大、小又可分为方案查勘、初步设计查勘与现场测量 3 个阶段。在建设规模较大、技术上较复杂的工程,一般应根据主管部门的要求,首选方案查勘。对于二阶段设计的工程,根据设计任务书的要求进行初步设计查勘后进行测量。市线工程一般属于一阶段设计,即查勘和测量同时进行的。

(1)初步设计查勘步骤

由设计专业人员和建设单位代表组成查勘小组,查勘前应首先研究设计任务书(或可行性报告)的内容与要求;收集与工程有关的文件、图纸与资料;在 1∶50 000 地形图上初步标出拟定的光缆路由方案;初步拟定无人站站址的设置地点,并测量标出相关位置;制定组织分工、工作程序与工程进度安排;准备查勘工具。

①明确任务。

选定光缆线路路由。选定线路与沿线城镇、公路、铁路、河流、水库桥梁等地形地物的相对位置;选定进入城区所占用街道的位置(利用现有通信管道或新建管道);选定在特殊地段的具体位置。

选定终端站、转接站、有人中继站的站址。配合通信、电力土建专业人员根据设计任务书的要求,选定站址,并商定有关站的总平面布置,以及光缆的进线方式和走向位置。

拟定无人段内各项系统的配置方案。拟定无人站的具体位置,无人站的建筑结构和施工工艺要求;确定中继设备的供电方式和业务联络方式。

拟定各段光缆规格、型号。根据地形自然条件,首先拟定光缆线路敷设方式,然后由敷设方式确定各地段所使用的光缆的规格和型号。

拟定线路上需要防护的地段及措施。拟定防雷、防蚀、防强电、防洪、防啮齿类动物,以及机械损伤的地段和防护措施。

拟定维护事项。拟定维护方式和维护任务的划分;拟定维护段、巡房、水线房的位置;提出维护工具、仪表及交通工具的方案;结合监控报警系统,提出维护工作的安排意见。

对外联系:对于穿越铁路、公路、重要河道、大堤或在路肩(即路的两侧)敷设及进入市区等的光缆线路,应协同建设单位与相关主管单位协商光缆线路需要穿越的地点保护措施及进局路由,必要时发函备案。

②调查、搜集资料。

查勘人员应与建设单位协商查勘中对人员分配的具体要求,并请提供有关需要调查的资料。

向沿途各有关单位进行调查和商议,搜集如下资料:

电信企业内部的建设单位与沿途局(站):调查相关城市现有市话管道分布及管孔占用位置、人孔形式和可资利用的情况;在拟建设路由附近有无通信光(电)缆线路;有关现有通信光(电)缆受雷击、腐蚀或啮齿动物损伤等的记录;通信线路维护单位情况;对本工程的要求与建议。

城市建设规划部门:调查城市发展规划、地下隐蔽工程、地下管线的分布情况和影响光缆线路安全的地点,如具有腐蚀性的工厂、爆炸性的物资仓、用直流牵引的用电设备、军事性质设施和大型变电站的设置地点等;与城市建设与规划部门商议光缆线路进市区的路由计划和需要附挂在城市内的桥梁要求,指定敷设光缆的平、断面位置查询有关设计竣工图纸备案要求,以及对施工的配合要求;商请提供城市测绘图纸。

公路部门:与公路部门商议光缆线路穿越公路、沿路肩埋设,以及需挂桥梁的要求、修复和破路赔偿等事项。

航运部门:调查光缆穿越通航河流的船只种类、吨位、夜航和抛锚等;商议水底光缆线路穿越河道的具体路由、禁锚区范围、禁锚区标志牌的设置和夜航灯光要求;有关航道疏浚、修建码头的情况;商请提供航道测绘图纸;有关施工租用船只及配合施工事宜。

水利部门:调查光缆路拟穿越重要河流的平、断面及河床土质情况,河堤加宽、加高,河坝修建的规划和光缆通过或穿越时的特殊要求;根据需要委托相关单位协助进行河床断面测量。

乡镇人民政府:有关乡镇设施、企业等的建设计划。

水文部门:山区河流洪水暴发时河床冲刷情况;上游流域的地面植被情况,暴雨量及河床变化情况;较大河流的水准点资料(供测量河床断面时使用)。河床的封冻、解冻月份,冰冻厚度。

气象部门:雨季、风季及冰雹资料。

地质、农林部门:沿线土壤分布情况,土壤 pH、硝酸根离子及有机质含量的粗略数值;矿藏资料,已开采矿区的沉陷深度、范围、沉陷时间;土壤翻浆和冻裂情况;地震资料;地下水位高低与水质资料;主要农作物、青苗、占地的赔偿标准,果树及经济作物的赔偿标准。

土地管理部门:农作物、土地的临时用地赔偿费用估算。

(2)现场查勘的任务

①核对在 1∶50 000 地形图上标出的光缆路由方案位置。核实收集到的资料内容的可靠性,核实各种设施的实际情况,对初拟路由中地形不合适的地段进行修改,通过现场查勘比较,选择最佳路由方案。

②与相关技术人员在现场确定光缆线路进入市区的段落,及需新建管道的地段和管孔配置。根据现场地形,确定光(电)缆敷设方式。

③确定光缆线路穿越河流、铁路、公路的具体位置,并提出相应的施工方案和保护措施。拟定光缆线路的防雷、防强电、防洪、防机械损伤的地段及其防护措施。查勘沿线土质种类,初步估算石方工程量和沟坎的数量。了解沿线白蚁和啮齿动物繁殖及对埋设地下光缆的伤害情况。

④确定进机房光缆的进线方式与走向。

⑤与维护单位人员研究拟定初步设计中关于通信系统的配置和维护制式等有关事项。

(3)整理图纸资料

①在 1∶50 000 地形图绘制光缆线路路由图,对路由中复杂地段绘图并提出路由方案的比

较意见。

②概要绘出整个路由与各站的系统分布情况;无人再生中继站的电源供给方式;业务联络系统与监控中心的设置传递方式;巡房、水线房的设置;维护段的划分与主要设施等。

③市区管道系统图:绘出管道路由平面图、管道管位图及管道剖面图。

④主要河流敷设水底光缆线路平面、断面图,用 1:5 000 或 1:10 000 的比例绘制。

(4)总结汇总

查勘组全体成员对选定的路由、站址、系统配置、各项防护措施及维护设施等具体内容进行全面总结,并形成查勘报告,向建设单位汇报。对暂时不能解决的问题及超出设计任务书范围的问题,报请上级主管部门批准。

(二)光缆接入网

1.光缆接入

(1)规划光缆网络

光纤接入网的两个基本要素是接入设备与光缆物理网,其中光缆物理网的规划尤其重要。由于接入网线路系统的一次性投资很大,在综合建设成本中占有较高的比重,服务年限较长(一般在20~30年),且线路系统一旦敷设完毕很难进行大规模变动,因此在接入网的建设中应进行认真细致的规划工作,以建设一个结构合理、灵活安全、能充分适应未来发展需要的光缆物理网络。

一个理想的光缆物理网络必须满足整体结构的长期稳定性和区域部分结构的灵活性这两个特点,以适应新业务和技术的飞速发展。

(2)光缆接入网的结构

①光缆接入网的拓扑结构。光缆接入网的拓扑结构取决于光配线网络(ODN)的结构。ODN 一般是点到多点的结构。按照 ODN 连接方式不同,光接入网可分为星状、树状、总线状和环状 4 种基本拓扑结构。

● 星状结构。

星状结构是在 ONU 与 OLT(光线路终端)之间实现点到点配置的基本结构,即每个 ONU 经一根或一对光纤直接与 OLT 相连,中间没有光分路器。其结构如图 2-2-3 所示。由于这种配置不存在光分路器引入的损耗,因此传输距离远大于点到多点配置。用户间互相独立,保密性好,易于升级扩容。缺点是光纤和设备无法共享,初装成本高,可靠性差。星状结构仅适合大容量用户。

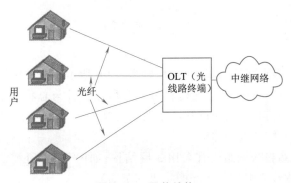

图 2-2-3　星状结构

● 树状结构。

树状结构是点到多点配置的基本结构,如图 2-2-4 所示。该结构用一系列级联的光分路器对下行信号进行分路,传给多个用户;同时利用分路器将上行信号结合在一起送给 OLT。村村通工程通常采用此结构。

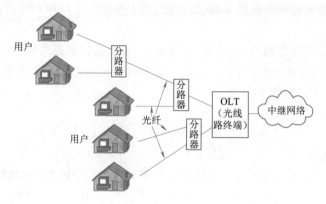

图 2-2-4 树状结构

● 总线结构。

总线结构也是点到多点配置的基本结构,如图 2-2-5 所示。这种结构利用了一系列串联的非均匀光分路器,从总线上检出 OLT 发送的信号,同时又能将每一个 ONU 发送的信号插入光总线送回给 OLT。这种非均匀光分路器在光总线中只引入少量损耗,并且只从光总线中分出少量的光功率。其分路比由最大的 ONU 数量、ONU 所需的最小输入光功率等具体要求确定。这种结构非常适合于沿街道、公路线状分布的用户环境。

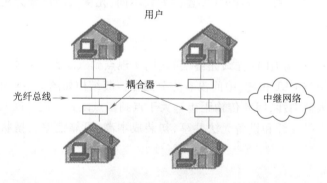

图 2-2-5 总线结构

● 环状结构。

环状结构也是点到多点配置的基本结构,如图 2-2-6 所示。这种结构可看作总线结构的一种特例,是一种闭合的总线结构,其信号传输方式和所用器件与总状型结构类似。由于每个光分路器可从不同的方向通到 OLT,因此其可靠性大大提高。

● FTTH 模式下的光缆接入网结构。

FTTH 模式下的光缆接入网结构宜采用 3 层结构,如图 2-2-7 所示,它包括主干光缆、配线光缆、引入光缆(楼内皮线光缆不纳入光缆接入网范畴)。

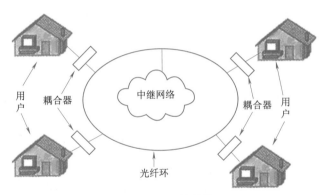

图 2-2-6 环状结构

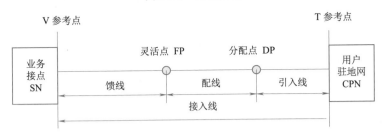

光纤接入网光缆线路结构示意图

图 2-2-7 FTTH 结构图

中继光接点相当于以前的电话端局,为区域业务的汇接中心,向上连接城域网,它通过主干光缆连接主干光接点。FTTH 建设初期用户分散数量较少,可以在此部署 OLT 设备。

主干光接点将多条配线光缆汇聚后形成主干光缆上联至中继点节点,主要形态为路边的光缆交接箱/接着盒。当 FTTH 的用户数量密度较大时,应考虑部署 OLT 设备。

配线光接点将多条引入光缆汇聚后形成配线光缆上联至主干光节点,主要形态为小区或路边的光缆交接箱/接着盒。FTTH 建设初期用户分散数量较少,可以在此部署 ODN。

用户光接点为光缆网络的末梢节点,主要形态为建筑物内的光缆交接箱、接头盒、用户接入设备等。当 FTTH 的用户数量密度较大时,应考虑部署 ODN。

ODN 可以在用户光接点引入也可以在配线光接点引入。新建住宿小区用户密度较大,ODN 应部署在用户光接点。

② 光缆接入网的应用类型。

根据光网络单元放置的具体位置不同,光接入网可分为光纤到路边光纤到楼、光纤到户、光纤到办公室等基本应用类型。FTTH 实现了光纤到户,为宽带接入的终极手段,也将在未来几年得到很大的发展。

(3)光接入网的建设思路和模式

供电有保障区域、城市新建区停止主干电缆和配线电缆的建设,农村原则停止主干建设。

城市新建小区、楼宇推进主要采用 FTTB,效益合理可直接采用 FTTH/FTTO 设备宜集中放置。

城市区域优先采用 FTTB 方式改造铜缆超长用户线路,需一步到位,采用 FTTH 方式时铜缆长度控制在 500 m 以内。

农村地区将光缆推进到行政村和大的自然村,主要采用 FTTN + DSL 模式。

推进光进的同时重视铜退,铜缆被盗严重、维护成本高、管线迁改或交换机退网时宜采用 FTTB 模式改造现网。

2.光缆线路配线方法及选择

因不同城市或同一城市内的不同区域对宽带业务的需求量不同,所以如何采用灵活方便且适应性强并便于将来用户光缆网扩容的配线法,是目前用户光缆线路网络设计需要研究解决的一大课题。

(1)用户光缆线路的配线方法

缆线路的配线方法有以下 3 种。

①星树状递减直接配线法。星树状递减直接配线法与铜线电缆直接配线法类似,即接入用户的配线光缆直接从主干光缆中引出,主干光缆的纤芯从局端起向远端节点(即远端光分纤箱)逐级减少。在用户光缆线路网建设初期,因光缆价格高、高速宽带业务需求量小且用户分散等原因,目标局至远端节点可采用星树状递减直接配线法进行小范围内的用户光缆线路网建设。

②星树状无递减交接配线法。星树状无递减交接配线法的网络结构与星树状递减直接配线法相类似。两者的主要区别是:无递减交接配线法增加了光缆交接箱。该配线法中,从局端到光缆交接箱、光缆交接箱到光缆交接箱之间的主干光缆纤芯无递减,配线光缆从光缆交接箱中引出。星树状无递减交接配线法的最突出优点是主干光缆纤芯的通融性极高,能够满足不断增长的新用户的需求,且不同光缆交接箱中的节点可使用主干光缆中的同一对光纤,充分利用了光纤宽带、低耗的特性,使主干光缆纤芯使用率增高。另外,也降低了用户光缆线路网的综合建设成本。这种配线法的最大缺点是可靠性差。

③环状无递减交接配线法。环状无递减交接配线法是指主干光缆闭合成环,在环路上主干光缆纤芯无递减,配线光缆也从光缆交接箱中引出。环状无递减交接配线法与星树状无递减交接配线法有相同的优点,但更为重要的是,因主干光缆闭合成环,使得整个用户光缆线路网的可靠性大大提高。特别是设备采用环路保护技术组网后,当主干光缆上的某一点出现故障时,通信业务能在极短的时间内自愈恢复,使用户受影响的程度减至最低,甚至感觉不到光缆线路发生了故障。缺点是成本相对较高.安全性随着环上节点的增加而降低。

(2)光缆线路配线法的选择

由于接入接点的业务类别、范围大小、接点位置远近以及经济能力等诸多因素,使得光纤接入网的网络结构要根据实际情况来确定。基本原则是:首先建设主干光缆网,确定主干网络的网络结构,然后根据具体区域的实际情况发展配线网。只要有业务需求,有可发展的用户,就可建设配线网络,使其就近接入主干网。

在选择用户光缆配线法时应考虑主干光缆的长期稳定性、配线光缆的灵活性,以及整体网络的可靠性和经济性。环状无递减交接配线法在通融性和可靠性方面性能较好,在经济条件允许时应优先选择。这种网络结构主要针对大中城市业务量发展较快、种类繁多、用户密集,可组成含多个局(所)的结构。

在用户分散和需求稳定的区域,可考虑采用星树状递减直接配线法。

在城市郊区或小城镇,由于用户密度较低,业务种类简单,在接入网建设初期,用户业务需求暂时不太明朗,很难做出准确的业务预测,大规模的光缆网络建设可能会使投资在相当长的时期内不能发挥效益,因此可对确有业务需求的用户及适宜光纤接入的地区采用光纤到大楼、光纤到小区的方式进行建设,条件允许的情况下也可利用自愈环的方式提高网络的安全性。这种网络结构的特点是基本不划分主干和配线光缆,而是根据明确的用户需求决定光缆的路由和芯数。因此初期宜采用星状或总线结构,待以后业务和用户发展起来时再逐步建立环状混合网。

3.光缆交接区的划分与光缆交接箱的设置

(1)光缆交接区的划分

由于光缆与电缆之间存在本质上的区别,因此用户电缆线路网中交接区最佳容量的计算方法不适用于用户光缆线路网。但交接区划分的原则是一样的,即光缆交接区应依附城市规划,以城市的河流、湖泊、公园、绿化带、主要街道及其他妨碍光缆线路穿行的大型障碍物为界,并结合城市中现有通信管道的实际进行划分。

光缆交接区一旦划定,应相对长期稳定,不宜频繁地调整,避免重复投资、重复建设。这是因为,光缆交接区实际上就是一个以光缆交接箱为中心的小区域线路网络中心。光缆交接区的稳定,有利于用户光缆线路网的规划和管理,也可减少调整线路的工程量。电缆在短时间内不可能完全被淘汰,所以在现在和将来的一段时期内,用户电缆和用户光缆将长期共存,两个网为重叠网。在划分光缆交接区时,应根据现有电缆交接箱的分布情况,尽量做到一个光缆交接箱分管几个电缆交接箱用户。

(2)光缆交接箱的设置

光缆交接箱应尽量设置在安全、隐蔽、施工维护方便、易于进出线、不易受外界损伤及自然灾害影响,同时又符合城市规划和不妨碍城市交通、不影响市容观瞻的地方。另外,从无递减配线法的特点可以看出,光缆交接箱的设置地点越靠近主干光缆路由,则引入光缆交接箱的主干光缆受损伤的机会就越少。除此之外,光缆交接箱内的光纤接头对防尘、防潮的要求也比较高,所以光缆交接箱也应尽量设置在有良好防尘、防潮的地方。在高压走廊,高温、腐蚀严重、易燃易爆的工厂和仓库附近,易受淹没的低洼地等场所不宜设置光缆交接箱。

综上所述,光缆交接箱最好设置在靠近主干光缆路由、进出线方便的地方,并考虑长远的维护便利。光缆交接箱的箱体容量应考虑远期需求,即采用大容量、模块化结构,其配线单元可按满足近期业务进行配置,箱体容量选择需考虑中远期灵活方便地上下光纤,这样将来业务发展时可采用增加模块的方式扩容。

4.用户光纤及光缆的选择策略

(1)光纤的选择

接入网传输距离近,带宽要求不是很高,但成本要求很严格,因此在接入网中使用1 310 nm波长性能最佳的单模光纤,即 G.652 光纤。考虑到光纤本身的传输损耗很低,光节点间距离一般较短,所以,应尽量避免追求过低的衰减参数,光纤衰减参数越低,光纤的造价就越高。光纤损耗过小时,光设备可能要加装衰减器,额外增加工程造价,并使系统的可靠性下降。

对于48芯以上的光缆采用带状光缆。带状光缆是一种高密度的光缆结构,这主要是多芯数具有较好的性能价格比,抗微弯性能好,机械保护性能也好,而且带状光缆的直径小,光纤密度高,便于实现一次多芯连接,每带光纤可以是 4~16 芯,建议采用每带 12 芯的光纤带。总之,带状光缆在用户接入网建设中具有很大的优势,特别适合纤芯数量较多的场合。

尽量统一在少数几种光缆类型和光缆纤芯数,使相应的纤芯连接器等器件品种一致,方便日后线路施工、维护和管理。

(2)主干光缆芯数的取值

主干光缆纤芯数量是由光纤接入网结构、接入节点的数量及接入网设备等诸多因素来决定的。主干光缆纤芯数量的取定应充分满足近期组网所需芯数,本着适度超前的原则,考虑期限应为 5~10 年,至少应为 48 芯。

建议主干光缆的容量以满足 5~10 个光交接点的接入为宜,光缆的容量尽可能选择大对数带状光缆,一般以 96、144、192 等芯数为主。对于用户密度较低用户需求较为单一的地区,也可选择 48 芯的光缆;对主干光缆长度较长、用户密度较大、光交接点数量较多的段落,亦可选择更大芯数的光缆,如 216 芯、288 芯等。

从经济性考虑,在确定光缆芯数时,主干光缆芯数须考虑远期的宽带业务。考虑到用户对宽带业务需求和技术发展的不确定性、投资的经济性,主干光缆建设可分期实施。

从管孔的利用考虑,在用户光缆线路网发展初期,主干光缆的芯数既不能太多,也不能太少,太多则浪费主干光纤,浪费投资,太少则主干光缆中可通融使用的光纤数量少,不利于业务的变更和发展,同时也浪费了城市宝贵的地下管孔资源。

(3)主干缆纤芯带的使用

若将主干光缆的纤芯在各光交接箱终端并配线,则可方便灵活地组网,但过多的光纤跳接可能引起线路指标劣化及增大投资。为保证纤芯的灵活调度和护投资,在工程实施中可将主干光缆纤芯带规划为共享纤芯带、独享纤芯带和直通纤芯带 3 种类型。

① 共享纤芯带。在主干光缆上安排 1 带或 2 带纤芯(12 芯/带),在每个光交接箱都进行熔接配线,作为公共纤芯,可与配线光缆网经光纤连接器连接灵活组网。一般来说,此纤芯带纤芯在整个光缆纤芯带中最为重要,最为宝贵,一般供多个节点组成环网用。以 SDH 业务为例:按 2 芯作为 5+1 的线路保护备用,则 1 带纤芯最少可组成 5 个 SDH 网络,按一般每环(或链路)10 个节点、每节点平均容量为 1 000 线计算,则此光纤带 12 芯至少可纳入 5 万线用户。对于初期建设,在此纤芯带上开通的业务以窄带业务为主。此纤芯带纤芯主要用于环状、链状网络拓扑结构,纤芯的利用率最高。

② 独享纤芯带。独享纤芯带即按每个光交接箱独立地至少终端 1 带光纤考虑。此纤芯带纤芯的用途为:电信大用户租用纤芯;b. 局方为满足用户需求,而增设点到点(局端到远端节点)的光网络单元(ONU)节点;最主要用于 IP 城域网业务,如 FTTX + DSLAM 或 FTTX + LAN(其接入层节点和上层网络节点所组成的网络均是星状结构,比较浪费纤芯)。对于可采用链状或环状方式组网(如采用 SDH 技术的 ONU 节点)的节点不宜设置过多,因为这样降低了纤芯利用率,并使局端设备的光口数增多,从而增大投资。在此纤芯带上设置 ONU 的目的是局方来不及做网络调整,而将新增业务节点单独组网,为用户开通独立的 SDH 光通道,当这样的节点增加到一定数量时,局方可做网络调整,将新增节点重新组网以达到网络优化的目的。此纤芯带纤芯主要是用于星状网络拓扑结构。

③ 直通纤芯带。主干光缆预留 1~3 带光纤,不在任何光交接箱内终端,设置直通纤芯带

作为以上两种纤芯带的预留,还可用于主干光缆线路监测使用。在业务发展过程中,可将此纤芯带调整成共享纤芯带或独享纤芯带。设置这种纤芯带的原因是业务和用户预测比较困难,考虑到现有的纤芯利用率不高,并且现有纤芯安排可能不适应将来的业务发展,那么目前采用不作为的方式,以达到将来光缆纤芯动态调节的目的。

(4)光缆交接点进纤数量

光缆交接点的进纤数量(支路纤芯数量)以 24～48 芯为宜,每个光交接点一般覆盖 4 个以上的光节点。光节点以 6～12 芯为基本单元。高密度区以 12 芯为单位确定配线光缆芯数,配线光缆纤芯的使用原则为:2 芯作为话音及窄带通信业务,2 芯留作今后宽带业务使用,4 芯作为以上窄带和宽带成环用,2 芯供 CATV 使用,2 芯作为备用。郊区部分根据各村镇的地理位置,引入的光缆芯数不应少于 6 芯。对于配线光缆,光缆制式选用一般普通光缆,6 芯或 12 芯光缆应一次布放,即主干光缆可分期分批建设,配线光缆建设一次到位。

光交接点间建议采用 12～24 芯光纤作为连接光纤。

(5)光节点的设置

采用光节点的概念,建立不同业务类别、用户数和服务范围的小区节点模型,根据用户分布和业务种类的不同,小区节点的服务范围也有很大不同。一个光交接箱的覆盖半径是 500～800 m,即在此半径范围内,可设置 4～8 个光节点,因此小区节点服务范围相应为 200 m 左右。在郊区或特殊情况下,此范围可适当增大。

光节点位置的选择要符合主干分支少、覆盖面广、具有较佳路由走向的原则,为减少故障率和降低维护成本,光节点应尽量考虑设在室内。

(6)用户光缆的敷设方式

用户光缆路由的选择应符合通信网发展规划的要求和城市建设主管部门的规定,同时综合考虑光缆线路的可靠性、安全性、稳定性、经济性和日常维护的方便性等各种因素。主干光缆因其纤芯多,一旦发生障碍,受影响的用户多、范围广,所以宜采用管道敷设方式。另外,在采用环状配线法时主干光缆应分为两个不同方向的路由,有条件时最好采用不同方向出局。配线光缆因其重要性比主干光缆低一个等级,所以可采用管道或架空敷设方式。城市中因受地下其他管线影响,尽量不采用直埋敷设方式。若主干光缆和配线光缆同路由,则建议分缆。这是因为,合缆固然能节省一些管孔,降低一些工程造价,但从长远来看,会造成维护不方便,甚至引起纤芯使用上的混乱。

总之,光纤接入网的网络建设主要考虑用户及业务的分布预测、主干光缆路由的选择、光节点位置的设置,即先规划接入网的光缆线路网络,具体的接入设备在接入网实施过程中,根据接入网技术和业务的发展情况适时地实施,突出"统一规划,分步实施"的建网思路,这样才能获得较好的经济效益。

5. 光纤线路保护方式与资源的利用

(1)对于任意结构的保护配置

第一类:设备和/或设施备用,如光收发设备或器件的热、冷备用,或采用网络保护措施(如SDH 环路保护技术)。

第二类:线路保护方式。线路保护通常指在网络的某部分建立备用光通道。具体实施方法有:

● 同缆分纤方式,主用和备用光纤在同一光缆内。这种方式最简单经济,但不能保护光缆切断故障。

● 同路由不同缆方式,主用和备用光纤在不同缆内,但置于同一管道或路由上。这种方式可以防止一般性光缆切断故障,但不能防止大型故障(大型机械的施工事故等)。

● 异路由方式,主用和备用光纤不仅不同缆,而且管道或路由也不同这种方式提供了最大程度的保护,但经济代价也最高。

(2)其他资源的利用

由于目前铜缆的规模较大,铜缆的替换需按用户的发展和光纤接入网建设的进程逐步进行。在替换铜缆的过程中应遵循的原则有:

①优先替换管道紧张路段的铜缆,可减少扩建管道的投资。

②优先替换距端局较远区域的铜缆,解决传输距离远、语音质量差的问题,并且远端替换之后,在主干铜缆中节省下的铜缆应可解决近端用户的接入。

③优先替换原有用户较少、新增用户较多区域的铜缆。

④随着接入技术的发展,XDSL技术已经非常成熟。在光纤接入网的发展初期,应充分利用这些铜缆新技术扩展铜线的应用范围,以节省投资。采用蜂窝技术的固定无线接入网具有提供业务快、组网灵活、易维护等优点,适宜零散地区通信和应急通信。

6.光缆线路网的设计原则

①光缆线路网的设计,应在全面规划的基础上,考虑局间中继、接入网用户的需求数量,综合业务的需求和今后网络的发展,远近期结合确定本期工程的建设规模、光缆路由和数字传输系统容量等。

②光缆线路网应具有一定的灵活性和安全性,适应近期和今后网络的发展。

③光缆宜采用G.652光纤,主干光缆芯数的取定应按中远期发展的需要配线,光缆则应按规划期末的需求配置。

任务小结

本任务主要讲通信线路工程及工程设计,结合现代科学网络介绍传统光缆路由及组网模式、现代带状光缆组网模式、常用FTTH组网方式,以及线路工程室内布线、室外布线的区分及注意事项。

通过本任务的学习,掌握通信线路工程工作要点,能通过案例线路工程做出初步设计及制图,并制作概预算文件编制。

※ 思考与练习

一、填空题

1.通信线路网应包括(　　)、(　　)和(　　)。

2.通信线路按其业务不同,可分为(　　)、(　　)。

3.(　　):用一种自承式结构的光缆,光缆呈8字形,上部为自承线,光缆的负荷由自承线承载。

4.光缆线路网是指局站内光缆终端设备到相邻局站的光缆终端设备之间的光缆路由,由(　　)、(　　)、(　　)和光纤连接及分支设备构成。

5.16 芯光缆在楼道光纤分线盒内和入户布线光缆(FRP 皮线缆)直接连接。接续方式可采用熔接或(　　)。

二、判断题

1.(　　)EPON 的技术链和产业链比较成熟,参与厂商众多,并且已经更新换代数次,解决了商业化的绝大多数问题,最重要的是它已经规模应用,所以成本较低。

2.(　　)采用 PON 技术(内置)网管,应新建 EMS 管理 OLT、ONU 及内置的语音业务模块和数据处理模块。

3.(　　)光缆交接点的进纤数量(支路纤芯数量)以 24～48 芯为宜,每个光交接点一般覆盖 6 个以上的光节点。

4.(　　)对于 48 芯以上的光缆采用带状光缆。

5.(　　)光缆交接箱应尽量设置在安全、隐蔽、施工维护方便、易于进出线、不易受外界损伤及自然灾害影响,同时又符合城市规划和不妨碍城市交通、不影响市容观瞻的地方。

三、简答题

1.通信光(电)缆敷设技术及通信线路工程勘察过程是什么?

2.光接入网有哪几种结构?

3.用户光缆线路的配线方法有哪些?

4.什么情况下光缆直接地下掩埋敷设?

5.目前铜缆的规模较大,在替换铜缆的过程中应遵循的原则有哪些?

任务三 熟悉通信管道工程设计过程

任务描述

本任务主要介绍了通信管道工程的基础知识、通信管道的意义及作用、通信管道的组成、通信管道的剖面设计方法、通信管道沟设计、通信管道与其他地下管线交越的处理、管道线缆敷设技术,包括管道光(电)缆敷设前的准备、管道光缆防护及工程量统计等。

任务目标

- 了解通信管道工程的基本知识。
- 掌握通信管道工程的勘察流程。
- 掌握管道工程设计方法。
- 掌握管道工程概预算文件的编制。

任务实施

一、通信管道基础

通信管道是城镇通信网的基础设施,设置地下通信管道可以满足线路建设随时扩容的需要,提高线路建设及维护的工作效率,确保通信线路的安全,也符合城镇市容建设的需要。地下通信管道具有投资大、施工时对城市交通和人民生活影响大的特点,一经建成就成为永久性的设施。因此,设计时必须考虑到网络发展和城市的长期规划,使通信管道能随城市的发展而延伸,彼此能连成稳定、合理的管网。工程设计一般按路由选择、收集资料、地基与基础处理、平面设计、剖面设计和特殊情况处理的程序进行。

（一）通信管道的地基

通信管道的地基是承受地层上部全部荷重的地层。按建设方式,可分为天然地基和人工地基两种。

在地下水位很低的地区,如果通信管道沟原土地基的承载能力超过通信管道及其上部压力的两倍以上,而且又属于稳定性的土壤,则沟底经过平整以后,即可直接在其上铺设通信管道,这种地基即属于天然地基。如果土质松散,稳定性差,原土地层必须经过人工加固,使上层较大的压力经过扩散以后均匀地分布于下部承载能力较差的土壤上,这种地基称为人工地基。

（二）管道基础

管道的基础是管道与地基中间的媒介结构,它支承管道,管道的荷重均匀传布到地基中。管道一般均应有基础,基础有灰土基础、混凝土基础、钢筋混凝土基础、水泥预制盖板等,不同的基础具有不同的优缺点,必须根据不同的场合加以选用。

（三）管道基础的选用

通信管道基础的建筑应与地基条件及所选用的管材相适应。抗弯强度较差的管材要求较坚实的基础,抗弯能力较强的管材对基础的要求相对不高。常用管材种类有塑料管、钢管、水泥管 3 种。下面介绍在这 3 种材质下各类基础的具体用法和场合的选用。

①水泥通信管道基础。水泥通信管道常用的基础有灰土基础、混凝土基础和钢筋混凝土基础 3 种。

②塑料管、钢管通信管道基础。除非在非稳定性土壤中埋设需采用地基加固的方法外,在土质较好的情况下,一般不考虑设置基础。其他则按照土质不同,采用不同的地基处理或进行简单的沙基础处理。沙基础一般使用含水 8%～12% 的中沙或粗沙夯实,如图 2-3-1 所示。沙中不宜含各种坚硬物,以免伤及管材。沙基础可用过筛的细土取代沙。

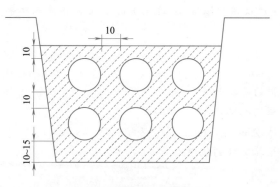

图 2-3-1 塑料管、钢管基础

③钢管由于其质地坚硬,一般只需对其进行防腐处理和简单的沙石垫层,无须进行地基的加固。

1. 管材

通信管道的管材用于保护通信光电缆,主要有水泥管块、塑料管、钢管等。通信管道水泥管块的型号主要有 3 孔、4 孔、6 孔,实际工程中一般使用 6 孔的管块进行组合。

通信管道用钢管常用的型号有 89 × 4 − 14、102 × 4 − 14、102 × 4 − 14 等。

塑料管:包括大口径波纹管(见图 2-3-2)、硬聚乙烯管、CPVC 实壁管、硅芯管(见图 2-3-3)、梅花管(见图 2-3-4)、蜂窝管(见图 2-3-5)、栅格管(见图 2-3-6)。

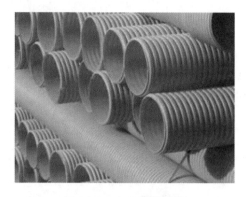

图 2-3-2　大口径波纹管

图 2-3-3　硅芯管

图 2-3-4　梅花管

图 2-3-5　蜂窝管

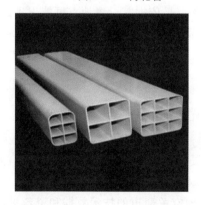

图 2-3-6　4 孔、6 孔栅格管

建筑方式及管材的选用,关系到通信线路的质量,影响着城市交通和人们生活及工程造价,所以设计时对管材应根据敷设的地理环境与方式、敷设的线缆种类进行选用,深入调查,因地制宜地加以选用,并应符合以下要求:

①对于新建道路宜采用混凝土管或塑料管,主要应用于小区主干和配线管道,宜以 3 ~ 6 孔(孔径 90 mm)管块为基数进行组合。

②在下列情况下宜采用双壁波纹式塑料管、硅芯式塑料管、多孔式塑料及普通硬质塑料管：

- 小区主干、配线管道。
- 管道的埋深位于地下水位以下或与渗漏的排水系统相邻近。
- 下综合管线较多及腐蚀情况比较严重的地段。
- 地下障碍物复杂的地段。
- 施工期限要求急迫或尽快回填土的地段。

③在下列情况下宜采用钢管：

- 管道附挂在桥梁上或跨越沟渠,有悬空跨度。
- 需采用顶管施工方法穿越道路或铁路路基时。
- 埋深过浅或路面荷载过重。
- 地基特别松软或有可能遭到强烈震动。
- 有强电危险或干扰影响需要防护。
- 建筑物的通信引入管道或引上管。
- 在腐蚀比较严重的地段采角钢管时,须做好钢管的防腐处理。

④与热力管接近或交越的情况,不宜采用塑料管。

⑤土壤中含有较严重的腐蚀物,或杂散电流较大的地区,不宜采用钢管。

2. 人孔、手孔

通信管道每隔一定距离应设置人孔和手孔,用于通信线路的施工、接续及维护,信息产业部于 2009 年颁发了《通信管道人孔和手孔图集》(YD 5178—2009)。《通信管道人孔和手孔图集》(YD 5178—2009)包括标准型人孔系列(1)、标准型人孔系列(2)、砖砌人孔和手孔、凝土砌块人孔及配件等。

图集的发布与实行,不要求对现有通信管道设施进行改造,应是在新建通信管道工程中贯彻执行,以利通信发展需要和标准化。应根据当地材料供应情况和施工现场条件、环境、市政要求等情况,执行本图集相关规定。人孔和手孔上覆荷载能力是依据其设置地点可能出现的最大荷载等因素确定的,其上覆所安装口圈负荷强度,应与上覆荷载能力配套,即口圈的载荷能力必须大于或等于上覆荷载能力。人孔和手孔超出本图集规定的尺寸和使用条件时,其基础、墙体、上覆结构应另行计算。

3. 通道建筑

通道是一种大的电信管道。与电缆管道相比,通常具有容纳电缆条数多、内部工作空间大、光(电)缆工作安全可靠,有利于施工、维护、运营和管理,可延长光(电)缆使用寿命,减少维护费用,能适应今后通信发展需要的特点。但通道具有建设初期建设投资大,技术要求高,施工难度较大,占据地下断面较多,在地下管线较多的场合难以安排等缺点。

图 2-3-7 是一个小号光(电)缆通道装置示意图。其他有关通道的技术数据和资料见《通信管道人孔和管块组群图集》。

4. 光(电)缆进线室

光(电)缆进线室是外线电缆集中的地方,外线电缆在这里做引向总配线架、成端前的安排堵气、连接充气设备和做接地处理。电缆进线室建设的好坏,关系到发展扩充和维护管理。

5. 电缆进线室的上线方式

按照外线引到总配线架的方式,光电缆进线室的上线方式可以分为集中上线和分散上线两类。然而,由于总配线架与光(电)缆进线室相对关系的发展及行列式总配线架的出现,这种划分方法并不是很完美的,因为今日大容量的分散上线在某些情况下,还要辅以集中上线用到的电缆槽和电缆走道。设计遇到这类情况时,就要兼用后述两种上线方式。

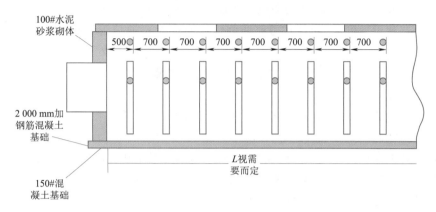

图 2-3-7 小号光(电)缆通道装置示意图

6. 光(电)破建线室的设计原则

光(电)缆进线室的设计与电话局的终局容量、测量室的位置、总配线架布置、其他专业机房的安排、电缆线路的进局方向和管孔数量组合等都有关系,必须综合考虑。设计时,主要考虑以下因素:

①光(电)缆进线室在建筑物中所处位置应便于外线电缆进局。

②外线电缆引入电缆进线室所需的进局管道和隧道的大小应按终局容量考虑。

③光(电)缆进线室应为专用房间。

④光(电)缆进线室的布置应便于电缆施工和维护,要求整齐美观,符合经济原则。

⑤电缆布置应统一安排有序,各方向进线能够通向任何上线孔洞不受阻挡,并符合电缆弯曲半径的技术要求,以免损坏电缆。

通信管道建设流程如图 2-3-8 所示。

(四)管道的平面设计

本任务要求掌握通信管道的平面设计方法,包括路由勘察、收集资料、通信管道定线与测量、通信管道埋设位置的确定、城市管道人(手)孔位置确定等。

由于通信管道在构筑上与其他城市公用设施关系密切,施工过程又受其他管线综合布置的影响,所以,各营运商或电信管理单位必须根据业务发展的要求,编制管网的长远规划,将其纳入城市建设计划,从而能够及时配合城市道路、桥梁等工程的施工;施工过程中,应改进施工技术,选用理想的管材,简化管孔接续,尽量减少对城市交通及人们生活的影响。其工程设计技术的处理一般按照路由勘察、地基处理、基础处理、平面设计、剖面设计和特殊情况处理的顺序进行。通信管道设计图主要由平面设计和剖面设计两大部分组成。通信管道平面设计主要步骤:明确管道建设目标及管孔容量;通信管道的路由选择;收集资料;通信管道具体位置确定、管道人(手)孔位置的选择及选型、引上及引下管的处理。

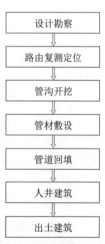

图 2-3-8 通信管道建设流程

1. 路由勘察

在通信管道路由选择过程中,要充分了解城市全面规划和通信网发展动向,与城建管理部门充分沟通、联系,并考虑城市道路建设及通信管道管网安全。通信管道应建在城市主要道路和住宅小区,对于城市郊区的主要公路也应考虑建设通信管道,管道路由应在管道规划的基础上充分研究分路建设的可能(包括在道路两侧建设的可能),通信管道路由应远离电蚀和化学腐蚀的地带;宜在地上地下障碍物较少的路段;避免在以规划尚未成型,或已成型但土未沉实的道路上;交通繁忙的道路施工管道的过程中,要有能临时疏通行人及车辆的可能。

2. 路由选择原则

①符合地下管线长远规划,并考虑充分利用已有的管道设备。

②选在通信线路较集中、适应发展需求的街道。

③尽量不在沿交换区界线周围建设主干通信管道,尽量不在铁道、河流等地铺设管道。

④选择供线最短,尚未铺设高级路面的道路建设管道。

⑤选择地上及地下障碍物少、施工方便的道路建设管道。

⑥尽可能避免在有化学腐蚀,或电气干扰严重的地带铺设管道,必要时必须采取防腐措施。

⑦避免在过于迂回曲折或狭窄的道路中、有流沙翻浆现象或地下水位甚高、水质不好的地区建设通信管道。

⑧避免在规划暂不能定而可能转为其他用途的区域,远离各类取土采石和堆放填埋场中建管道。

⑨避免在经济林、高价值作物集中地带建管道。

⑩有新建的城市道路时,应考虑通信管道的建设。

3. 收集资料

通信管道路由选定以后,设计人员应向沿途各有关单位进行调查和商议,除收集上一知识点所述资料外,还要对沿线地上地下的建筑物、地质及水文资料及规划的情况进行深入的调查,并收集如下资料,为设计和施工做好准备。

①城市道路规划图纸及资料。拟设通信管道路由的道路平面、横断面、纵断面及高程等规划设计资料。

②地下建筑物资料。了解地下管线情况并与相关单位核实,若与相关管线发生矛盾时,要与相关单位协商采取安全或避让措施。

③沿线房屋情况。考虑到施工时对沿线房屋的震动、地基下沉等影响。

④土质调查。

⑤地下水调查。调查地下水在不同季节的水位情况,通信管道应建在地下水位以上的土层中,并避开有电化学腐蚀的地段。

⑥冰冻层深度调查。通信管道应尽可能建在冰冻线以下的土层。

4. 通信管道定线与测量

管道定线,就是按照市政规划部门批准的路由,定出管道中心线位置、人孔和手孔设置地点,然后进行测量,以便绘制平面图和剖面图。管道测量分为平面测量、弯管道测量和高程测量。

通信管道路由设计可在 1:(500～2 000)的规划图上作业,也可现场测绘绘制平面及高程图,确定通信管道在街道中的具体位置、通信管道的段长及坡度作为人孔位置、埋设深度及高程设计的依据。

在测量时,对管道路由选择的原则应服从规划、城建、交通、公路、铁路等各有关部门的总体规划要求和措施。对已定或拟定的路由进行具体定线基础,并根据现场的实际情况对管道路由的具体位置和管道的保护防护措施,与各管线的交越处理方式和桥上铺设安装方式等进行具体勘察。在测量过程中应经常小结、检查,发现有差错和遗漏等问题时应及时补测和纠正。

测量过程中应对关键的测点钉立标桩,如人孔点、转弯点。如果现场无法打桩,可在标识明显的永久性建筑物中标注辅助点的位置,并记录其相关数据。

(1)直线测量

如果城建部门能提供较大比例的城市街区图,设计的现场工作不需用经纬仪或 GPS 测量仪器测量,只需在相关的街道上对通信管道的路线进行观测,现场定出弯曲点的位置,同时对道路沿途建筑物、附近地形、原有通信管道的使用情况、其他地下管线设备的种类及位置进行调查并记录。

(2)平面测量

平面测量时,除标注人孔和通信管道位置之外,还应将管道一侧的街道,距管道中心线 2 m 以内和人孔、手孔周围 3 m 以内的地上地下建筑物,如电车、电力等杆路,树木,邮筒,消火栓,给、排水管等地下管线,检查井,各种地下电缆、防空洞等,均应详细测绘。在地势起伏不平的地段,应适当增加测点,以便控制通信管道的坡度,并作为计算土方的依据。

(3)弯管道测量

如果由于街道弯曲或障碍物的限制不得已而采用弯管道时,必须测定弯管道的中心线。测量时,可以用经纬仪测量,也可以采用其他比较简便的方法。

(4)高程测量

高程测量是利用水准仪或 GPS 测量仪器测定通信管道沿线点的相对高程。可在管道路由的始点,找出一个永久性建筑物的台阶等,作为测量基点,并假定它的标高为 30 m 或 50 m,然后根据这个标高进行管道高程测量。

各种仪器调整准备好后,进行管道高程测量,应先在管道沿线上每 400 ~ 500 m 测定出一临时水准点,作为核对高程和施工时底沟抄平之用,以保证施工质量。

在测量中,原则上以 20 ~ 30 m 为宜;如果道路较直而平坦,也可适当加长,可视气候条件考虑增减。通过高程测量,绘制通信管道施工断面图,图中标注出计划高度、土质、复土厚度、测点间的距离及累计距离等。管道高程测量,通常应测绘这些点:人孔、手孔中心及距离人孔、手孔中心各 5 m 处;自人孔、手孔中心起,每隔 20 ~ 30 m 一点;坡度转换及高程突然变化各点;与其他大型地下障碍物或管线与其他管线交叉点的交越点。

5.通信管道埋设位置的确定

在已拟定的通信管道路由上确定通信管道的具体路由时,应和城建部门密切配合,并考虑以下因素:

①通信管道铺设位置尽可能选择在原有管路或需要引出的同一侧,要设法减少引入管道和引上管道穿越道路和其他地下管线的机会,并减少管道和电缆的长度。如条件限制,通信管道必须建筑在车行道下时,尽量选择离中心线较远的一侧,或在慢道中建设,并尽量避开雨水管线。管道位置应尽量与架空杆路同侧,以便电缆引上和分支。

②节约工程投资和有利缩短工期。通信管道尽可能建筑在人行道下或绿化地带,以减少交

通影响;如无明显的人行道界限时,应靠近路边敷设。这样做可使管道承受荷重较小、埋深较浅,降低工程造价(包括路面赔偿费等),有利于提高工效和缩短工期,也便于施工和维护。

③通信管道的中心线原则上应与房屋建筑红线或道路的中心线平行。遇有道路弯曲时,可在弯曲线上适当的位置设置拐弯人孔,将其两端的通信管道取直。

④应考虑电信电缆管道与其他地下管线和建筑物间的最小净距,各种管线、建筑物之间都应保持一个最小的距离,以保证施工或维修时不致相互产生影响。不应过于接近或重叠敷设。同时还应考虑到施工和维护时所需的间距。由于人孔和管道挖沟的需要,特别是在十字路口,还应结合其他地下建筑物情况,考虑其所占的宽度和间距,以保证施工。通信管道不宜紧靠房屋的基础。

⑤充分考虑规划要求和现实条件的影响。当两者发生矛盾,如规划要求道修建的位置处尚有房屋建筑和其他障碍物(如树林、洼地等),目前难以修建或投资过大,可考虑选在车行道下或采用临时过渡性建筑。

注:在主干排水管后敷设时,其施工沟边与管道间的水平净距不宜小于 1.5 m。

⑥当管道在排水管下穿越时,净距不宜小于 0.4 m,通信管道应做包封,包封长度自排水管两侧各加长 2 m。

⑦在交越处 2 m 范围内,燃气管不应有接合装置和附属设备,当上述情况不能避免时,通信管道应包封 2 m。

⑧当电力电缆加保护管时,净距可减至 0.15 m。

6. 人(手)孔的设计与管道段长

①人(手)孔的形式应根据实际需要确定,人(手)孔的荷载与强度的设计标准应符合国家相关标准及规定。

②人(手)孔位置应选择在管道分歧点、道路交叉口或需要引入房屋建筑的地点。

③在弯曲度较大的街道中,选择适当地点插入一个人(手)孔。

④在街道坡度变化较大的地方,为减少施工土方量,常在变坡点设置人(手)孔,如图 2-3-9 所示。

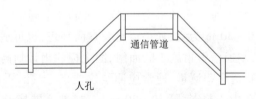

图 2-3-9　变坡点人(手)孔

⑤通信管道穿越铁路、公路等路段,或使用顶管时,为便于维护和检查,在铁路路轨、公路、顶管两侧(端)适当的地点设置人(手)孔。

⑥在较直的管道路由上人(手)孔间距一般为 120～130 m,最大不宜超过 150 m。如采用摩擦因数较小的塑料管等管材,直线管道段长可适当放宽到 200 m,甚至接近 250 m。

⑦人(手)孔位置应与其他地下管线的检查井相互错开,其他地下管线不得在人(手)孔内穿过。

⑧交叉路口的人(手)孔位置宜选在人行道上或偏于道路的一侧。

⑨人(手)孔位置不应设置在建筑物的门口,也不应设置在规划的囤放器材或其他货物堆

场,更不得设置在低洼积水地段。

管道段长根据人孔位置确定,在直线路由情况下,水泥管的段长最大不超过150 m,塑料管的段长最大不超过200 m,高等级公路上的通信管道段长最大不超过250 m。对于郊区光缆专用塑料管道,根据选用的管材形式和施工方式不同,段长可达1 000 m。每段管道应按直线铺设。如遇道路弯曲或需绕开地上、地下障碍物且弯曲点设置人孔而管道段又太短时,可建弯曲管道,弯曲管道的段长应小于直线管道的最大允许段长。水泥管道弯管道的曲率半径不应小于36 m,塑料管道的曲率半径不应小于10 m,弯管道中心夹角宜尽量最大,同一段管道有反向弯曲(即S形弯)或弯曲部分的中心夹角小于90°的弯管道(即U形弯)。

7.引上通信管道的处理

(1)引上点位置的选择

主干光(电)缆在人(手)孔中经分支接续后,通过引上通信管道引出地面,与架空光电缆或与墙壁光(电)缆相接,供用户使用。从人(手)孔中分支出光电缆的地点称为引上点。引上点位置的选择要求如下:

①引上点和通信管道同属于比较稳定的建筑装置,设计时应考虑日后发展的可能性,尽量避免拆迁。

②引上点应选择在架空光(电)缆、墙壁光(电)缆或交接箱引入光(电)缆的连接点附近,避免主干光(电)缆与配线光(电)缆间的回头线。引上点选择在人(手)孔附近,减少引上通信管道的长度。

③在同一引上管中设置的引上光(电)缆不宜超过两条。引上点的位置不应设在交通繁忙的路口,以免遭车辆和行人的碰撞。

④在公路两侧均设置地下通信管道时,其供线点应以公路为界,不允许引上通信管道往返穿越公路。在房屋或建筑物的墙外引上通信管道时,引上点应尽量选择在比较隐蔽的侧墙或后墙沿。

(2)引上通信管道的设计要求

由于引上通信管道具有管孔数目少,敷设距离短,埋设浅,所经路由比较简单,其中穿放的光(电)缆外径较小的特点,所以,在设计时只在平面图中表示出引上点的位置及引上通信管道长度即可,除穿越障碍有困难的情况以外,一般情况下不做剖面设计。

引上通信管道设计时应注意以下情况:

①引上通信管道穿越公路时,应尽量垂直穿越,如图2-3-10中A所示情况。

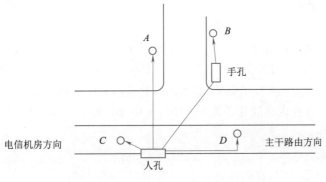

图2-3-10　引上通信管道的设置

②引上点距人(手)孔较远,引上通信管道需要进行两个方向的拐弯时,可在适当地点插入人(手)孔。如图 2-3-8 中 *B* 所示的情况。

③引上点位置与主干光(电)缆在同一侧,距离不远,并对断面的影响不大时,引上管可自人孔直接斜向引上点,如图 2-3-8 中 *C* 所示的情况。引上点在主干通信管道的同一侧,但引上点偏离通信管道断面有一定距离而断面限制不允许引上通信管道自人孔斜向敷设至引上点,则引上通信管道允许在主干通信管道路由中敷设至一定位置,然后拐弯至引上点,如图 2-3-8 中 *D* 所示的情况。

④引上通信管道中的光(电)缆进入人孔后,光(电)缆离上覆净空间不应小于 20 ~ 40 cm,引上通信管道从光(电)缆出土点到人(手)孔应具有 0.3% ~ 0.4% 的平坦坡度,以便排泄渗入管孔中的积水。

⑤从地下出土的弯头用 90°的弯铁管或其他材质的弯管,弯管的曲率半径不得小于管径的 10 倍。

⑥引上点管孔数一般不超过两根引上管。预留管引出端用油麻堵实,以免雨水和杂物进入管内影响日后使用。

二、通信管道敷设技术

熟悉管道线缆敷设技术,包括管道光(电)缆敷设前的准备、管孔的选择及清刷、管道光(电)缆的配盘、穿放光(电)缆、光(电)缆在人孔内的安排、管道光缆防护等。

通信光缆线路在城市建筑中通过时常用管道光(电)缆敷设方法。管道光(电)缆的敷设要比直埋和架空光(电)缆的敷设复杂很多,施工技术要求较高。管道光(电)缆的敷设一般包括路由勘测、管道选用、清刷、穿放光(电)缆、接续、引上、终端等工序。

1. 管道光(电)缆敷设前的准备

管道光(电)缆敷设前应做好以下准备工作:按施工图规定路由核对管孔占用情况;清洗所用管孔,清洗方法同普通电缆布放前的管道清洗方法;塑料子管的预放。为提高市区电信管道的利用率,根据光(电)缆直径小的特点,每个管孔内可预放 2~4 根塑料子管,管道内布放 3 根以上子管时,应做识别标记。为了便于维护,每根光(电)缆布放应占用同一色标的子管。布放光(电)缆占用的子管,应预放好牵引绳索,如尼龙绳、皮线、细钢丝、铁线等。穿引牵引绳的方法是:先用弹簧钢丝穿引绳索;然后用空压机将尼龙线吹入子管道内,并从另一端引出,最后将牵引铁线穿入子管内,以供布放时牵引光(电)缆。

2. 管孔的选择及清刷

(1)管孔的选用

合理选用管孔有利于穿放光(电)缆和日常的维护。选用光(电)缆管道和管孔的原则是:按先下后上、先两侧后中间的顺序选用;同一条光(电)缆通过各个人孔所占用的管孔位置,前后应保持一致,以免光(电)缆相互交叉;通常同一管孔内只能穿放一条光(电)缆。如果光(电)缆截面较小也在同一管孔内穿放几条光(电)缆,但应先在管孔中穿放塑料管,一根塑料管只能穿放一条光(电)缆。

(2)管孔的清刷

敷设管道光(电)缆之前,首先应将管孔内的淤泥杂物清除干净,以便顺利穿放光(电)缆。同时,应在管孔内预留一根牵引光(电)缆钢丝绳用的铁丝,以便穿放光(电)缆。清刷管孔的方法很多,目前常采用竹板穿通法,即将长 5 ~ 10 m、宽 5 cm、厚 0.5 cm 的竹板,用 1.6 mm 铁线逐段绑扎。管孔较长时,竹板可由管孔两端穿入,通过竹板头上绑扎的钩连装置(一端为三爪铁钩,另一端为铁环)在管孔中间相碰连接,贯穿全管孔,然后从管孔的一端在竹板末端接上清刷工具。在清刷工具的末端接上预留的铁线,从管孔的另一端拉动竹板,带动清刷工具由管孔中通过,完成管孔的清理。国外采用的较先进的机械清理管孔法有软轴旋转法、风力吹送载体法和压缩空气清理法等。

3. 管道光(电)缆的配盘

管道光(电)缆的工程配置,通常称为管道光(电)缆配盘。

(1)配置方法

管道光(电)缆工程中,配置通常按以下方法进行。

① 按管道总距离和给定的管道光(电)缆盘号顺序对光(电)缆进行排列。

② 按管道距离和单盘光(电)缆的长度,第一盘光(电)缆接头落在人孔内,光(电)缆余留长度应为 8 ~ 10 m;光(电)缆过长或过短时,可根据多余或不足的数量在其他盘光(电)缆中挑选长度合适的光(电)缆。

③ 按上述方法配置其他各盘光(电)缆。

④ 在给定管道光(电)缆数量的基础上,配置全段光(电)缆,使光(电)缆余留尽量集中在某一盘。

(2)配置要求

管道光(电)缆工程中,配置有以下要求:

① 光(电)缆端别敷设应尽量方向一致,并与进局(站)的端别一致。

② 接头位置应尽量避开交通繁忙的要道口。

③ 配置后的光(电)缆单段长度应尽量大于 500 m。

4. 穿放光(电)缆

(1)机械牵引法

市内管道穿放光(电)缆常用的方法为机械牵引法,即利用通用工程车的动力带动车上的机动绞盘,牵引光(电)缆进入管道。

(2)气吹法

长途塑料管内敷设光缆采用气吹法,又叫气流法。用 11 m^3/min 左右的气体带动光缆在管道中匀速前进,完成光缆在塑料管中的敷设,一次可吹 1 000 m。气流法所用设备有气吹机和空气压缩机等。

气吹机是用来将光(电)缆气吹敷设进硅芯管道的专用机械,它分为普通型和超级型两种。普通型气吹机主要用于较细、较轻的光缆及地势相对平直情况下的光缆敷设,正常进缆速度为(60 ~ 80) m/min,最高速度为 110 m/min. 单机质量约 17 kg。超级型气吹机用于较粗、较重的光(电)缆以及地势起伏较大的山区、丘陵地段吹缆,该机正常进缆速度为(40 ~ 50) m/min,最高速速力 60 m/min。该机需与专用液压装置配套使用。

空气压缩机输出空气压力应大于 0.8 MPa,气流量在 11 m^3/min 以上,还应具有良好的气体冷却系统。输出的气体应干燥、干净,不含废油及水。

为确保输送高压气体,施工中空气压缩机离气吹点的距离一般不应超过 300 m。光缆敷设完毕后,应密封光缆与塑料管口。另外,吹放完毕后,气吹点(塑料管开口点)应做好标记,便于日后维护。

5.光(电)缆在人孔内的安排

光(电)缆在人孔内的排列如图2-3-11所示。

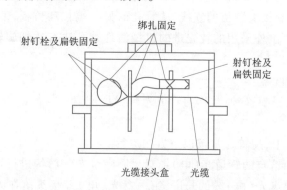

图 2-3-11　光(电)缆在人孔内的排列

其排列的基本要求如下：

①同一管孔内放设光(电)缆的多根子管道应一次穿放。光(电)缆摆放在托架上,同一管孔内多根子管道所穿放的光(电)缆合用托板上一条电缆的位置。

②管道光(电)缆进入人孔内走向以局方一侧为准,要求排列整齐。不许上下重叠、互相交叉或从人孔中间直接穿过,光(电)缆与托板之间应加衬垫。

③将光(电)缆按管道孔眼排列分为两半,再按托架层数和托架位置数定位,先放的光(电)缆摆在里边和下层,后放的光(电)缆摆在外边和上层,过路的光(电)缆摆在里边,为本地区服务的光(电)电缆放在外边。光(电)缆穿放的纵排管孔,大直径光(电)缆应放在下面,小直径光(电)缆放在上面;横排管孔中,大对数光(电)缆放在两边,小对数光(电)缆应放在中间。

④光(电)缆接头应安置在相邻两铁架托板中间。根据管孔的排列,光(电)缆接头可按列或两列交错排列。光(电)缆接头的各端不得超过两条电缆。光(电)缆接头的一端距管道出口的长度至少为40 cm;光(电)缆接头不要安排在管道进口的上方或下方。

⑤妥善设置缆根,即尾巴光(电)缆、分支光(电)缆只能从缆根上接出[即尾巴光(电)缆、分支光(电)缆需和缆根进行另外的接续后方能出土],不能从主光(电)缆上直接接出。缆根在人孔内至少要绕人孔半周,缆根与分支光(电)缆的接头在正线接头的一侧,分支光(电)缆再绕回到原来的一侧出土,小外径的缆根和分支光(电)缆可设在正线接头的一侧的上方并出土。暂时没有,但将来会有分支光(电)缆的人孔,应当将空放的缆根一次做好。

⑥光(电)缆线路经过桥梁时,要求在桥梁两头建手孔,通常预留光(电)缆20~50 m,具体情况视桥梁的长度而定。手孔采用砖砌结构,24 cm 厚墙,规格为 1 200 mm（长）× 900 mm（宽）×1 200 mm(深)。水泥盖板厚度为15 cm布双层钢筋,盖板与地面或路面持平。

⑦人(手)孔中的光(电)缆应设有明显的标记,以便于维护和修复。

⑧光(电)缆在人孔内应相互搭连,使对地电位相同,搭连分两侧分别进行。搭连方法是:为了防止人孔内光(电)缆遭受电蚀损坏和电缆串杂音,光(电)缆进线室应装设地气线。地气线可用6~8 mm 直径的裸铜条或35 mm^2 的铜导体与1.68 mm×35 mm 铝导体,从端局公共接地母线引入,用地气胶垫和地气卡簧安装在电缆铁架承托扁钢上,地气线不应接触电缆铁架。地线安装如图2-3-12 所示。

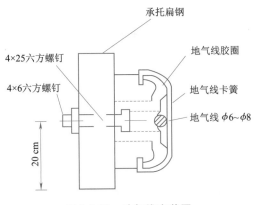

图 2-3-12　地气线安装图

⑨进行管道电缆安装设计时,要求同一条电缆的各段,应采用相同的基本单位,即同为 25 对基本单位或同为 10 对基本子单位;同一条电缆的各段,应采用相同的绝缘层,即同为纸绝缘或同为聚烯烃绝缘。

6. 管道光缆防护

(1)进局光缆的防护

①进线室、局前井和特殊井的管孔应进行封堵,防止有毒、易燃易爆气体和地下水侵入,并定期对地下室和管道进行检查和有毒气体测试。

②进局光缆从进线室至 ODF 架,可采用聚乙烯外护层阻燃性光缆,它具有防火性能。

③进局光缆预留长度为 15 ~ 20 m,光缆弯曲半径一般不小于光缆直径的 15 倍。

④为了区分进线室、机房内的光缆,每条光缆应标明方向和端别。

⑤在易动、踩踏等不安全部位,应对光缆做明显标志,以提醒人们注意避免损坏。

⑥光缆在托架位置应理顺,避免与其他光(电)缆交叉,尽量放置于贴近墙壁位置。对无铠装的光缆,在进缆孔和其他拐弯部位,应用蛇形软管保护。

(2)管道光缆的防护

①发现人孔中浸入有腐蚀性的污水和易燃易爆等有害气体如管道煤气、天然气时,要追寻其来源,设法消除其危害。

②人孔内的光缆采用蛇形软管或软塑料管保护,绑扎固定在光缆托架上。

③人孔内光缆应挂有明显的标志牌,注明中继段、光缆名称和芯数等,以防误伤。

④与热力(气暖)管道平行或交越间距较小时,应采取隔热措施。

⑤更换水泥管道时,应做脱碱处理后才可使用。

⑥严寒地区应采取防冻措施,防止光缆损伤。

任务小结

本任务主要讲通信管道工程,基础、通信管道设计知识,以及通信管道敷设技术及应用,对引上、管孔、人手孔、地基设计需要协调的部门,管道建设注意要点等,通过本任务学习掌握通信管道工程设计,并制作通信管道工程概预算文件。

※ 思考与练习

一、填空题

1. 与（　　）接近或交越的情况,不宜采用塑料管。

2. 通信管道工程常用管材种类有（　　）、（　　）、（　　）3 种。

3. 通信管道的地基是承受地层上部全部荷重的地层。按建设方式,可分为（　　）和（　　）两种。

4. 引上点管孔数一般不超过（　　）。预留管引出端用油麻堵实,以免雨水和杂物进入管内影响日后使用。

5. 光缆接续与测试包括（　　）与长途光缆的接续与测试两部分。

二、判断题

1. （　　）水泥通信管道常用的基础有灰土基础、混凝土基础和钢筋混凝土基础 3 种。

2. （　　）进局光缆预留长度为 15~20 m,光缆弯曲半径一般不大于光缆直径的 15 倍。

3. （　　）在一般情况下,相对位置(标高)的管孔高差不应大于 0.5 m,尽量缩小管道错口的程度。

4. （　　）管道的坡度一般应为 0.3%~0.4% 最小不宜低于 0.25%。

5. （　　）塑料管道的曲率半径不应小于 5 m,弯管道中心夹角宜尽量最大。

三、简答题

1. 通信管道工程的作用是什么?

2. 通信管道剖面设计有哪些方面的内容?

3. 通信管道敷设技术包括哪些内容?

4. 简述通信管道的地基种类及何种情况使用哪一种地基。

5. 什么是通道建筑?

拓展篇
通信工程设计案例

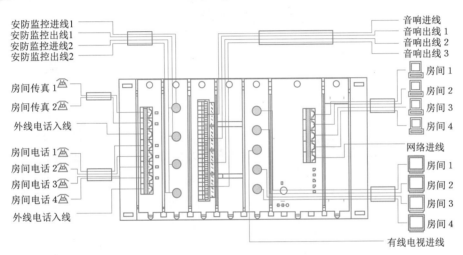

安防监控进线1
安防监控出线1
安防监控进线2
安防监控出线2

房间传真 1
房间传真 2
外线电话入线

房间电话 1
房间电话 2
房间电话 3
房间电话 4
外线电话入线

音响进线
音响出线 1
音响出线 2
音响出线 3

房间 1
房间 2
房间 3
房间 4

网络进线

房间 1
房间 2
房间 3
房间 4

有线电视进线

通信有线项目工程设计

家庭内部应用

宽带接入服务器

主干网

宽带接入服务器

城市大功率热点覆盖

楼宇内部覆盖

移动互联网

通信无线项目工程设计

- 掌握通信有线工程基础知识。
- 掌握光纤传输工程勘察流程及施工图设计方法。
- 掌握无线通信设备安装过程。

知识体系

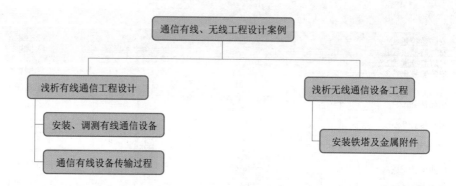

项目三

通信有线、无线工程设计案例

任务一　浅析有线通信工程

任务描述

本任务主要介绍有线通信设备的安装调测过程及施工工艺要求、光纤传输工程的勘察流程及施工图设计方法、传输工程的概预算文件的编制、传输工程的勘察流程及勘察要点。

任务目标

- 了解有线通信工程的基本知识。
- 掌握光纤传输工程的勘察流程。
- 掌握光纤传输工程施工图的设计方法。
- 掌握光纤传输工程概预算文件的编制。

任务实施

一、安装、调测有线通信设备

本任务要求熟悉有线通信设备安装工程的安装过程、技术要求及工艺要求。

（一）有线通信设备概述

有线通信设备指的是通过光纤、电缆完成信息传输或交换的通信设备，主要有光纤传输设备、语音交换设备和数据通信设备等，这些设备大量应用于现代通信网络。

光纤通信可以实现语音、数据及视频信号的超远距离传输，是现代通信网的主要传输手段，目前常用的光纤通信设备有 PDH、SDH、WDM。PDH 设备使用量越来越少，主要应用在小型基站接入、企业用户接入等场合，SDH、WDM 设备广泛应用于长途传输、宽带接入、网络互联、基站互联。

语音交换设备主要包括传统的程控交换机、V5 接入设备、信令设备等，也包括现在的软交换控制设备、媒体网关、信令网关、综合接入备等。交换技术的发展由传统的窄带技术向 IP 宽带发展,越来越多的基于软交换技术的语音交换设备正逐步取代传统的程控交换设备。

数据通信设备主要包括数据终端设备、调制解调器、多路复用器、数据集中器、通信协议转换器、网络适配器、网络设备等,随着计算机网络技术的普及和发展,大量的宽带网络设备(包括网关、路由器、交换机等)被引入通信网络,传统的通信网络正在向着以 IP 技术为基础的宽带网络发展。

二、有线通信设备传输工程

现场采集资料/数据通常也称现场勘察。现场勘察是设计工作的一个十分重要的环节,现场查勘所获取的数据是否全面、详细和准确,对规划设计的方案比选、设计的深度、设计的质量起着至关重要的作用。因此,通常对勘察工作都必须做出详细的策划,传输系统工程项目的勘察工作通常分为 4 个阶段,分别为勘察前的准备工作、勘察过程、查勘结果汇报和查勘后的资料整理阶段。

(一)勘察前的准备工作

勘察前的准备包括了解工程规模、制订查勘计划、准备必要的查勘工具和证件。其中了解工程规模包括熟悉工程总体情况,掌握必要的基础资料,如可选光缆路由方案、通路组织、选用设备、局站设置等。制订查勘计划需要主动联系项目建设相关的局/站所在地的建设单位的工程主管人员落实行程。

为确保现场采集的数据资料准确性,勘察时必须携带必要的勘察测量仪表、机具,此外还应准备必要的查勘材料和证件。传输设备单项工程的勘察材料包括查勘表、机房平面图、白纸、铅笔、橡皮擦、油性色笔、标签等。常用的测试仪表机具及用途见表 3-1-1。

表 3-1-1 常用测试仪表机具及用途

仪表/机具	用 途	备 注
光时域发射测试仪(OTDR)	测线路的长度及衰减	注意工作波长和折射率的设置
偏振模色散(PMI)测试仪	测光纤线路的 PMD	当系统是 10 Gbit/s 及以上速率时需测试
色散(DS)测试仪	测光纤线路的色度色散	当系统需要做色散均衡策划时需要测线路的色散
稳定光源、光功率计	测线路的衰减	当线路非常长,超过 OTDR 测量范围可用直读法测量
地阻测试仪	测工作地线的接地电阻	
直流钳流表	在线测量直流工作电流	测量在线荷载电流
交流钳流表	在线测量交流工作电流	测量在线荷载电流
莱卡激光测距仪	测量机房及设备尺寸	
钢卷尺	测量机房及设备尺寸、布放线缆长度等	
数码相机	拍摄设备安装场地及相关实物	

1. 勘察过程

勘察过程包括 4 个主要工作,即资源的收集和调研、具体查勘、现场做标记和向建设单位汇报确认。其中资源的收集和调研需要设计人员提出必要的需求表,提交资源管理部门审核确认是否还有可用资源,按资源管理部门所分配的资源来确定本项目具体使用资源情况并进行下一步勘察工作。

由于经常会遇到同一机房内有不同的工程项目先后在设计或施工,为防止造成误用资源,因此,对经过现场勘察确认的设备安装位置和预占资源,采用可视性标识进行标记。对设备安装的预占位置通常可采用油性笔直接在地板上对已经确认的机位进行标记,如果建设方不同意这种标记方式,也可以采用标签标明安装设备的机架尺寸、工程名称,悬挂在列槽道下和相邻的机架旁。

2.勘察结果汇报

勘察结果汇报是向工程建设单位管理部门汇报,为了让建设单位具体负责人员更深入了解项目具体情况,设计人员应主动进行勘察结果汇报工作。包括现场查勘完后首先应向当地建设单位进行汇报,回到院后要向项目负责人进行汇报,并与项目负责人一起讨论查勘中遇到的重点、难点问题,同项目负责人或所主管共同确定设计完成时间等具体问题,然后向工程建设单位具体项目负责人和相关部门(特别注意应请运营维护部门)的领导进行汇报。汇报的内容重点为查勘阶段发现的问题、与原来前期方案不同之处、迫切需要建设单位确定或解决的问题,如电源、空调、机房等问题。

3.勘察资料整理

除了口头的汇报外,还要做查勘回来后的资料整理工作。设计人员在查勘回来后几个工作日内编制本工程查勘报告并提交项目负责人或所主管进行审核,经审核修改后的查勘报告通过E-mail或传真形式发送给建设单位工程主管。

查勘阶段结束后,为了确定资源可被本项目使用,应提前向资源管理部门提交预占各种资源(预占各种资源是现场勘察时经分建设单位确认的)的申请单,如光纤资源申请单、电源端子资源申请单、BITS端子资源申请单等。

4.勘察注意事项

为了让设计人员能更顺利地开展勘察工作,将有关光纤光缆资源、供电系统、走线架及走线路由、机房平面布置、同步系统及传输网管等部分,以勘察注意事项的形式做详细的介绍。

(二)查勘主要内容

1.光缆光纤资源查勘

因为传输线路是构成传输系统的主体之一,无论是做光纤通信传输系统的规划、可行性研究或者是设计,都必须对传输线路的情况做详细的调查。传输线路的勘察通常包括光缆资源总体情况的调查、光纤线路传输性能的测试及终端设备的情况调查。

2.光缆资源总体情况调查

光缆资源总体情况调查主要是围绕着构成传输系统的相关站点间有可能通达的各种/类光缆线路的所有情况,包括光缆线路的等级/类别、建成投产时间、光缆线路的结构情况、光缆中光纤种类以及生产厂家、运行情况(含发生故障情况及可靠性)、各相关站点之间光缆线路的长短。

3.光缆线路传输性能的测试

光缆中的光纤测试,通常根据传输系统工程设计实际,需要测试的内容有光纤的衰减、偏振模色散(PMD)或差分群时延(DGD)和色度色散(CD)。使用OTDR进行光缆测试时,要求进行光缆双向测试,记录A – B和B – A的衰减系数和光缆长度测试值。测试的结果直接影响设计的质量。

4.线路终端设施的勘察

线路终端设施的勘察包括尾纤类型、尾纤颜色、尾纤长度、光纤活动连接器类型等的选择,以及 ODF 架面板和端子排列的确定等。

5.供电系统的勘察

电源部分的查勘用于了解工程现场的电源情况。电源系统查勘、容量核算及设计界面如图 3-1-1所示。

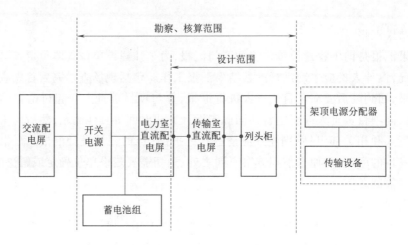

图 3-1-1 电源系统查勘、容量核算及设计界面

（1）开关电源（主要进行容量核算）

对于开关电源的查勘,主要是要了解、掌握在用的开关电源设备的配置情况,核算其是否有冗余,其冗余量是否满足本工程增加设备的用电。

（2）蓄电池（主要进行容量核算）

对于蓄电池的查勘,主要是要了解、掌握在用的蓄电池的配置情况及使用情况,核算其是否有冗余,其冗余量是否满足本工程增加设备的用电。查勘时发现通信用的蓄电池已使用 5 年以上,那么应特别注意了解是否进行过检修,是否测试过容量,实际的容量是多少。

（3）直流配电屏

对直流配电屏的查勘主要是要了解源头的容量到底是多少,可分配的端子冗余情况即还有多少端子(熔丝)可以使用,这些熔丝型号规格是什么,额定工作电流是多少,以及允许压降分配等。

工程建设会碰到各种各样的情况,有的只需要从列柜引接电源,有的需要增加列柜,有的需要在传输机房增加 PDB 等,下面分成以下 4 种情况来介绍:

①在现有机列增装新的传输设备,只需要从列柜引接电源。

②需要新装列柜,而且列柜电源只从传输机房直流配电屏引接。

③需要新装列柜,而且列柜电源直接从电力室 PDB 引接。

④需要在传输室新装 PDB 传输室 PDB 输入电源从电力室 PDB 引接。

（4）列柜

传输设备安装工程设计的设备供电勘察中,大部分情况是从列柜中引接电源,需要了解列柜的总容量、分熔丝的使用情况,即柜内分熔丝的种类、型号规格,已使用数量,还有多少空端口;这些空端口的熔丝的型号规格;新装设备的耗电电流是多少,是否满足要求;如果不满足要求如何处理;更换什么样型号规格的熔丝;熔丝座是否需要更换;更换其他型号规格的熔丝座能否安装等。记录勘察结果,同时应画出总熔丝、分空气开关端子图。标明熔丝、分空气开关编号、规格(额定工作电流等)及使用情况。

（5）保护地线排

对于设备外壳接地的保护地线,引接位置一般在列槽、柱、梁上、柱旁边的墙角、PDB里。勘察时注意向维护人员了解。对于光缆的屏蔽层和金属加强芯的防雷接地的引接,不能随便在上述地线排中引接,必须在机楼的综合接地体源端的地线排上引接。勘察时注意寻找源端地线排的位置,通常在电力室机房的地槽附近,有的可能在柴油发电机房,有的可能在动力(交流)配电房,大多数情况综合接地体源端设在一楼。

勘察时还应注意地线接线排是否有引接地线的孔位,如果没有剩余的孔位可利用,那么应看是否有增加孔洞或者驳接铜排的可能。一般当剩余孔位只有一两个时,应采用驳接铜排,以增加更多的孔位,确保持续发展的需求。

6. 走线架/槽及走线路由查勘

在平面图上将现有走线槽道和需要新增的走线槽道画出,将需要安装的设备和需布放的缆线(含电源线、光纤尾纤或跳线、架间布放的各带宽的信号缆线)标示清楚,然后根据机房走线槽实际情况逐一核实,并确定走线路由及具体位置,再将布放的各缆线的长度进行测量。最后将确定的结果记录在图纸和相关的勘察表上。

走线路由确定的原则:一是为节约材料,路由选择尽可能短、不交叉或少交叉;二是考虑未来的发展,不要占用预留发展机位的出线位置;三是各行其道,不同线缆走各自的专用槽道;四是在电源线和光纤尾纤/跳线没有专用槽道的机房,同一槽道内电源线和信号线应分开区域布放,相互之间应相隔一定距离,特别应注意光纤尾纤或跳线不要被其他粗大的缆线挤压。

(三)机房平面布置查勘

1. 新机房的规划

对新建机房,涉及的各种设备包含光电设备、数字配线架、光缆配线架、直流电源设备(交流配电屏、直流配电屏、整流屏、列柜)。要合理安排各种设备的安装位置,不能只考虑目前设备需求,需要进行长远规划。规划原则如下:

①考虑传输机房与其他机房(交换机房、数据机房、电力机房)楼层间上下连通的孔洞的相互连接关系,以及维护的便利性。

②考虑DDF架是一个关键的公共设备,它与架间布线、与不同专业之间的布线都有很大关系,要考虑使各种布线尽可能短。

③由于各种信号线都要进出DDF架,所以靠近DDF架的槽的走线特别多,因此要考虑槽道的容量和负荷的分摊。

根据DDF架设置不同的位置,可设计出不同规划方案。例如:

机房规划方案一:光电设备在机房两侧,数字配线架和光缆配线架在机房中间。本方案适合上下连通的孔洞在机房中间侧。

机房规划方案二:光电设备在机房中间,数字配线架在机房两侧。本方案适合上下连通的孔洞在机房两侧。

机房规划方案三:光电设备在机房一侧,数字配线架在机房另一侧。

（1）现有机房加装设备

由于现有机房已安装了不少设备,机房的总体规划早已经做好。现在只是根据原有规划、

分区原则等安排本期工程设备位置。一般是考虑机列内的设备布置,设备布置的原则如下:

①光电设备、数字配线架分列安装时,应从机列的同一端(侧)开始排列,尽量避免出现从中间安排的现象。

②光电设备、数字配线架同列安装时,按光电设备与数字配线架的比例为1∶2来确定各自占有的位置,从中间向两端(侧)排列。

(2)机房布置查勘应注意的事项

①应预先了解本工程项目安装的各种设备的数量、可能采用的厂家设备及各种设备的机架尺寸(即高、宽、深),同时应注意了解设备是否是背靠背安装。

②应预先准备好机房平面图,有图的要核实、更新,没有的要仔细测量。现场核实机房现有设备占用位置,用不同颜色线条、方框在图纸上标出现有设备、新增设备安装位置。

③设备的布置应注意单列设备正面朝向入口处。DDF列应标示清楚 A 面和 B 面。

④应预先准备好机房槽道的平面图,将各种线缆的路由走向,用不同颜色线条标示。

⑤要求按照机房现有设备编号方法进行记录。

⑥应注意记录 ODF 和 DDF 面板图,对于利旧设备的面板图,应标明哪些已用、哪些本工程可以占用。

⑦要调查记录现有机房光缆配线架适配器类型(如 FC/PC、SCPC 或其他类型等)、DDF 端口阻抗(是 75Ω 不平衡或是 120Ω 平衡)及端子的类型。DDF、ODF 端子排列方式尽量与原有规则一致,同时特别提醒注意征求维护人员意见并与建设单位陪同人员确认。

2. 同步系统查勘

在传输系统工程设计中对同步系统的查勘,主要是针对传输设备需要引接同步时钟的同步源的资源情况的调查,以及引接同步时钟的走线路由的勘察。在查勘前必须掌握以下情况:

①确定本期工程的同步方案,确定在哪些局点的设备采用外定时方式及需要外定时源的数量。

②了解设备具有接收外定时信号的端口种类(2 048 kHz 还是 2 048 kbit/s),以及是否具有处理 S1 字节的同步状态信息(SSM)的功能。因为只有具有 SSM 功能时,传输设备的网元才可接收多个方向的定时信号,按定时信号的优先等级选择跟踪最高等级的定时信号。

③深入现场进行查勘,查勘的主要内容有以下两点:

● 调查传输设备安装的局/站的大楼时钟系统(BITS)的等级。

● 了解大楼时钟系统的终端 DDF 架位置及端口的使用情况,并画出端口面板图,记录使用和剩余端口情况,注意区别 2 048 kbit/s 端口和 2 048 kHz 端口。

3. 传输网管查勘

工程设计中经常会遇到两种情况:一是需要新建网管系统;二是利用现有的网管系统。将新建工程的网元接入现有的网管系统,通常也称利旧。应注意这两种情况的查勘其具体内容有所不同。下面分别介绍新建网管和利旧网管的查勘。

4. 利旧网管的查勘

了解现有网管管理的设备,与本工程设备是否为同类同版本设备。网络管理系统的软件版本,对新增设备是否兼容,网管服务器硬件配置的管理能力。例如,可以管理多少网元,如何定义网元等;现有网管的安装位置与连接方式,是否配置了反拉终端;网络现有的网元数量。

5. 新建网管的查勘

应确定新装网管设备的安装位置与连接方式,是否利用 DCN 网;确定网线的走线路由;需配置路由器、Hub 等设备,确定供电方式(交流/直流);需配置 UPS,确定 UPS 的容量、安装位置、引电方式。

6. 网管交流电源的引接

网管交流电源引接的勘查主要是要了解清楚在哪里接电源,是否有空余的开关。如果有,那么应查清楚是什么型号、规格,它的额定电流多大;如果没有,应查清楚是否有位置可以加装等。

7. 设计传输工程施工图

光纤通信设备安装单项工程的设计内容如下:

①机房各层平面图及设备机房设备平面布置图、通路组织图、中继方式图(均可复用批准的初步设计图纸)。

②机房各种线路系统图、走线路由图、安装图、布线图、用线计划图、走道布线剖面图。

③列架平面图、安装加固示意图,设备安装图及加固图,抗震加固图。自行加工的构件及装置,还应提供结构示意图、电路图、布线图和工料估算。

④设备的端子板接线图。

⑤交流、直流供电系统图,负荷分路图,直流压降分配图,电源控制信号系统图及布线图,电源线路路由图,母线安装加固图,电源各种设备安装图及保护装置图。

⑥局/站/台及内部接地装置系统图、安装图及施工图。

⑦工程割接开通计划及施工要求。

⑧通信工艺对生产房屋建筑施工图设计的要求,包括楼面及墙壁上预留孔洞尺寸及位置图。地面、楼面下沟槽尺寸、位置与构造要求。预埋管线位置图。楼板、屋面、地面、墙面、梁、柱上的预埋件位置图(本项要求文件及图纸应配合房屋建筑施工图设计的需要提前单独出版,并用正式文件发交建筑设计单位)。

设计采用的新技术、新设备、新结构、新材料应说明其技术性能,提出施工图纸和要求。

任务小结

本任务主要讲解通信有线设备工程安装及设计要求,其中包括施工工艺及施工规范要求,通过本任务学习掌握通信设备工程,在布放线路及光纤的要求及立放机柜的要求,线路槽道及布放线缆的注意事项,通过本任务学习、掌握线路工程设备制图及概预算文件的编制。

※思考与练习

一、填空题

1. 设备安装垂直走道应与地面保持垂直并无倾斜现象,垂直度偏差不超过(　　)。

2. 交、直流电源的馈电电缆,必须(　　);电源电缆、信号电缆、用户电缆与中继电缆应(　　)。

3. 列内机架应相互靠拢,机架间隙不得大于(　　)mm,列内机面平齐,无明显参差不齐现象。

4. 路由选择尽可能(　　)、不交叉或少交叉。

5. 查勘时发现通信用的蓄电池已使用(　　)年以上,应特别注意了解其是否进行过检修,是否测试过容量,实际的容量是多少。

二、判断题

1.(　　)光电设备、数字配线架分列安装时,应从机列的同一端(侧)开始排列,尽量避免出现从中间安排的现象。

2.(　　)采用 PON 技术(内置)网管,应新建 EMS 管理 OLT、ONU 及内置的语音业务模块和数据处理模块。

3.(　　)光缆交接点的进纤数量(支路纤芯数量)以 24～48 芯为宜,每个光交接点一般覆盖 6 个以上的光节点。

4.(　　)对于 48 芯以上的光缆采用带状光缆。

5.(　　)灭火器要统一型号,在保质期内,安装时要安装在机房进门的醒目和方便取用的位置,统一离地面距离为 60 cm。

三、简答题

1.简述通信有线设备安装过程。

2.简述通信有线设备勘察流程。

3.什么是有线通信设备?

4.什么是数据通信设备?

5.电缆进线室的上进方式有哪些?

任务二　浅析无线通信设备工程

任务描述

本任务主要介绍通信铁塔及金属构件的作用、安装过程及施工工艺要求、天馈系统的安装过程及施工工艺要求,以及基站通信设备的安装。

任务目标

- 了解无线通信设备安装的基本知识。
- 掌握铁塔的安装过程。

任务实施

一、安装铁塔及金属构件

通信铁塔是为满足各种通信设备天线(微波、GSM、CDMA 等)挂高要求而专门设计的钢结构支撑产品,由塔体、平台、避雷针、爬梯、天线支撑等钢构件组成,并经热镀锌防腐处理,主要用于微波、超短波、无线网络信号的传输与发射等。为了保证无线通信系统的正常运行,一般把通信天线安置到最高点,以增加服务半径,达到理想的通信效果。通信天线必须有通信塔来增加高度,所以通信铁塔在通信网络系统中起着非常重要的作用。

通信铁塔按固定方式可分为自立式铁塔和楼顶铁塔两种。自立式铁塔是指依靠基础、钢结构及拉线等方式自行直立的通信铁塔,一般安装在较空旷的乡村或山区,由于自身质量较大,较少安装在建筑物楼顶。自立式通信铁塔如图 3-2-1 所示。楼顶铁塔通常利用建筑物的高度,把通信天线安装在建筑物顶的铁塔上,由于利用了建筑物的高度,可以大大地降低铁塔的成本;屋顶塔建设灵活、形式多样,可以根据实际情况选择抱杆、拉线塔、自立塔等;针对一些有特殊要求的地区,可以使用不破坏屋面防水层的直落式屋顶塔,屋顶塔目前广泛应用于移动通信行业。

图 3-2-1　自立式通信铁塔

通信铁塔按材料可分为角钢塔、钢管塔、按结构可分为四柱角钢塔(自立或拉线)、四柱钢管塔(自立或拉线)、三柱钢管塔(自立或拉线)、单管塔(独管塔)、拉线塔。单管塔、钢管塔、角钢塔、拉线塔优缺点比较说明如下:

①单管塔。单管塔是由单根钢管构成的用于无线通信的自立式高耸结构,其主体为圆形或多边形截面焊接钢管,如图 3-2-2 所示。单管塔具有外形简洁美观、构造简单、占地面积小的优点,并可对塔身美化,改造为仿生塔、造型塔,广泛应用于城区街道、风景区及其他要求美观的区域。最大优点:占地面积少,多用于城市景区或其他要求美观的场所;缺点:成本高于以下任何一种塔形,因为独管塔馈线引下和人员攀登都不方便,加之造价较高,仅用于特殊要求的环境。

图 3-2-2　单管塔仿生塔造型塔

②钢管塔。钢管塔分四柱和三柱钢管塔，其优点：同等设计条件下，稳固性高，具有高抗风、抗震能力，塔根基比角钢塔小，适用于狭窄场地或距建筑物较近的情况；缺点：造价高于角钢塔。

③角钢塔。角钢塔是最普遍的塔形，是一种通过角钢拼装而成的空间格构式高耸结构。它制作安装简单经济适用，是铁塔建设的首选。

④拉线塔。拉线塔的优点是：用钢量少，经济实惠，节约成本，但占地面积大；拉线塔易受外力破坏，一旦拉线受损即造成倒塔；拉线塔受风力作用还会发生摆动和水平扭动，采用微波传输的基站慎用。

（一）安装自立式铁塔

铁塔建设必须委托具备相应资质的地质勘察、设计、监理、施工单位进行。

铁塔设计单位按照勘察纪要和地质勘察报告进行铁塔工程设计（包括铁塔基础设计）。如在原有楼房顶建塔，还需要委托相应的建筑设计单位对房屋荷载进行核算、鉴定。若不符合建塔要求，应由建筑设计单位出具整改设计方案进行整改。

1. 铁塔建设流程

屋面铁塔建设流程如图 3-2-3 所示。

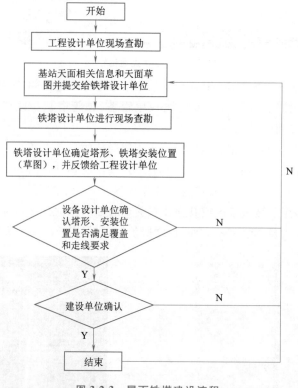

图 3-2-3　屋面铁塔建设流程

铁塔设计完成后，由建设单位组织地质勘察、设计、监理、施工等相关单位对铁塔设计图纸进行会审。

铁塔设计会审通过后，在基础施工过程中，监理单位负责对所用材料的材质、基础隐蔽工程、制作工艺质量是否符合设计要求进行核查，建设单位进行抽查；对铁塔基础隐蔽工程要组织验收。验收报告要有施工、监理、建设单位随工代表签字，验收报告一式 4 份，由设计、施工、监理、建设单位各持一份。

铁塔基础施工完成后,由建设单位通知铁塔施工单位组织塔件运抵施工现场,监理单位负责对塔材规格、材质和其表面防腐制作工艺情况进行检查,合格后进行铁塔安装。

2.铁塔建设基本要求

铁塔结构所承受的风荷载计算应按现行国家标准《建筑结构荷规范》GB 50009—2001 的规定执行,基本风压按 50 年一遇采用,但基本风压不得小于 0.35 kN/m^2。铁塔应安装有通向天线维护平台带护圈的直爬梯,爬梯应固定稳固,不得出现摇晃和松动。

自立式铁塔的抗地震能力为高于当地烈度 1 度,使用年限大于 50 年;铁塔结构的安全等级为二级;所有铁塔设计、施工前必须委托有资质的地勘单位进行地勘,并提供地勘报告交铁塔设计部门,作为设计依据。地勘不得少于 2 孔,深度不得少于 8 m。

3.铁塔升高架规格

8 m 以下使用天线抱杆支撑杆。

8 ~ 12 m 以下的使用桅杆塔,并配有必要的钢制柔性拉线,使其牢固。

12 ~ 15 m 的使用边宽宜为 3 m 的升高架(根开为 3 m 的组合抱杆,杆身截面宜为三角形,结构边宽 500 mm),并配有必要的钢制柔性拉线,使其牢固。

15 ~ 25 m 的使用边宽宜为 4 m 的升高架(根开为 4 m 的组合抱杆),并配有必要的钢制柔性拉线,使其牢固。

25 m 以上的铁塔必须使用自立铁塔,天线维护平台采用正六边形结构。所有自立式铁塔的天线维护平台在建设上应按两层设置,第一层平台在铁塔高垂直下方 2 m 位置处;第二层平台在第一层平台垂直下方 5 m 处,平台外栏高 1.1 m。各层设 6 副 2.5 m 高的天线抱杆。每层平台按设置 6 副定向天线(天线迎风面为 0.6 m × 2 m)设计。铁塔平台形状及尺寸如图 3-2-4 所示。

当铁塔高度大于 40 m 时,宜在中间增设休息平台。

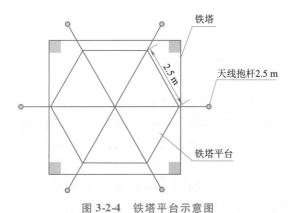

图 3-2-4　铁塔平台示意图

4.铁塔基础

铁塔基础施工应根据建设单位确定的征地范围,平整场地,根据施工图进行准确的定位放线,并确定相应的绝对标高,特殊位置应判断铁塔和机房地形摆放位置的安全性和可行性。

根据放线要求和施工图规定进行基础人工开挖,开挖时严禁采用爆破方法进行施工。

基础开挖必须有施工单位的技术督导现场监督,及时核对当地的实际地质条件与地勘结果,若有偏差,需立即通知设计单位,对设计进行复核和变更。

基坑(槽)开挖至设计要求深度,并预留相应的管道孔位后,由建设、铁塔设计、地勘、监理等有关人员进行现场验槽,经检验合格后应及时并一次性浇筑混凝土垫层封闭地基,若有疑问或不符合要求应及时处理整改。

基础轮浇筑完工后,由建设单位随工代表、土建施工单位、安装施工单位、监理单位进行联合验收,必须取得基础验收的合格资料(塔脚跨距、对角线尺寸和水平标高等)。基础的验收遵照 GB 50202—2018《建筑地基基础工程施工质量验收标准》进行。

5. 制作铁塔

铁塔塔体制作必须严格按设计图纸和有关规范进行。铁塔生产中对采用的钢材必须进行质量检查,随货同行并加盖销售红章的材质合格证,进行外观及尺寸检查。

对采用的钢材必须按规定取样试验后方可进行放样,切割下料、打孔、初(试)装、热浸锌。焊接连接中的焊条、螺栓应符合国家标准要求。

铁塔的钢结构防腐处理为热浸镀锌法。热浸镀锌质量应符合 GB/T 13912—2002《金属覆盖层、钢铁制件热浸镀锌层技术要求及试验方法》的要求。

热浸锌后的外观:热浸锌表面应具有实用性光滑,在连接处不允许有毛刺、满瘤和多余结块,并不得有过酸洗或露铁缺陷。

热浸锌层厚度:镀件厚度小于 5 mm 时,锌层厚度 ≥65 μm;镀件厚度 ≥5 mm 时,锌层厚度 ≥86 μm。

构件运输时,应采取措施防止变形。

6. 安装铁塔

铁塔基础混凝土达到规定的强度要求后进行铁塔安装,安装前应对基础的定位轴线、基础轴线和标高、地脚螺栓位置和标高等进行检查并办理交接验收。

安装时应对钢构件的质量再次进行检查,并按从下至上程序进行。角钢螺栓连接牢固,边安装边检查塔体中心垂直度和塔身对角线的准确性,安装完毕随即进行自检校正。

铁塔杆件安装前应检查杆件编号,并检查杆件的螺栓间距尺寸。结构吊装时应采取适当的措施,以防止过大的弯扭变形。结构吊装就位后,应及时系牢支撑及其他联系构件,保证结构的稳定性。

所有上部构件的吊装,必须在下部结构就位,校正系牢支撑构件以后才能进行。

螺栓的连接必须按图进行,螺栓强度等级不得低于 4.8 级,铁塔底端连接螺栓必须采用防盗螺栓。为使构件紧密组合,螺栓贴面上严禁有电焊、气割、毛刺等不洁物。

螺栓孔应采用钻成孔,螺栓孔严禁采用气割扩孔和长孔,螺栓应自由穿入孔内,不得强行敲打。

螺栓的拧紧应分初拧和终拧(对于大节点应分初拧、复拧和终拧),严禁使用垫片,螺栓终拧前严禁淋雨。

校正后铁塔基脚螺钉必须涂抹凡士林并用 C15 混凝土包封。

除地脚螺栓外,严禁使用垫片;地脚螺栓最多使用不得超过 3 个垫片。

(二)安装铁塔附属金属构件

1. 基本要求

铁塔附属金属结构件包括室内外走线架、走线架吊杆、走线架支撑杆、天线抱杆、铁塔抱杆支臂及异形支撑架,安装所需的连接件、紧固件、螺栓和建筑物避雷带的连接带等。

所用金属材料必须经热浸锌后方可送到施工现场使用,在现场产生的焊接处必须漆防锈漆、涂银粉。在屋面做了施工的,必须做好屋面的防水处理。损坏业主墙面的必须修复。螺栓紧固后须做防锈处理。

2. 安装天线支臂

天线支臂用于固定移动通信天线,天线支臂连接方式采用原铁塔、桅杆连接方式或用螺栓连接,支臂应为热浸锌钢管,焊接处必须做防腐、防锈处理。

天线支臂伸出平台边不宜大于 800 mm。天线支臂需按设计要求生产、安装,安装时需保证施工人员安全。天线支臂结构图如图 3-2-6 所示。

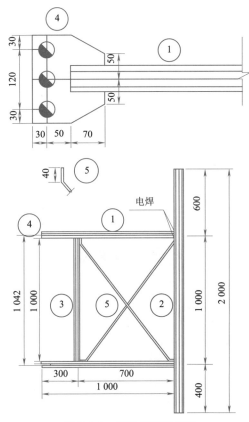

图 3-2-6　天线支臂结构图

3. 安装室外走线架

室外走线架用于布放移动基站天馈线,室外走线架(含垂直爬梯)宜采用 400 mm 热浸锌铁件,并做防腐处理,室外走线架需可靠接地,天面至馈线窗需安装垂直爬梯,垂直爬梯需平行并紧贴墙面安装。天面处室外走线架尽量沿天面屋顶边缘(女儿墙内侧)安装,根据天线支架位置选择安装方式,必须保证馈线不交叉,安装美观。走线架沿女儿墙安装时,需与女儿墙面垂直安装;女儿墙至天线支架的走线架需平行天面安装。室外垂直爬梯不能紧贴墙面安装,距离墙面距离应大于 200 mm,且垂直爬梯长度必须超过馈线窗。

4. 安装铁塔爬梯

通信铁塔应安装有通向天线维护平台的直爬梯,爬梯应固定稳固,不得出现摇晃和松动,并考虑必要的安全防护(如增加安全保护圈)。直爬梯宽度宜为 500 mm,每格间隔宜为 300 ~ 400 mm。自立式铁塔直爬梯宜采用不落地悬空安装,悬空高度不小于 2 m,若室外走线架距地高度大于 2 m,则其悬空高度可与室外走线架高度齐平;若室外走线架距地高度小于 2 m,则需从室外走线架至爬梯悬空点增加一段"斜坡段"。屋顶铁塔的直爬梯,原则上需落地,但需考虑铁塔承重。直爬梯应两边做馈线支撑杆,馈线支撑杆间距为 800 ~ 1 500 mm。施工人员上塔方向应是背对机房方向,如图 3-2-7 所示。

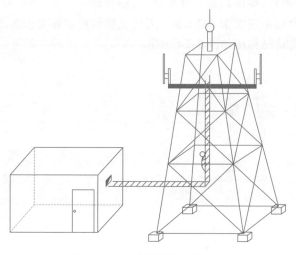

图 3-2-7　通信铁塔直爬梯设计

※思考与练习

一、填空题

1. 自立式铁塔的抗地震能力为高于当地烈度(　　　)度,使用年限大于(　　　)年。

2. 安装天线时,天线支臂伸出平台边不宜大于(　　　)m。

3. 通信铁塔按材料可分为(　　　),(　　　)。

4. 铁塔设计完成后,由(　　　)地质勘察、设计、监理、施工等相关单位对铁塔设计图纸进行会审。

5. 天线设备通常包括(　　　)、(　　　)、(　　　)。

二、判断题

1. (　　　)单管塔是由单根钢管构成的用于无线通信的自立式高耸结构,其主体为圆形或多边形截面焊接钢管。

2. (　　　)防水弯最低处要求低于馈线窗下沿 10 ~ 20 cm。

3. (　　　)天馈线设备的避雷通常通过天线架设装置上的避雷针、馈线上的避雷夹及馈线入室时串接的馈线避雷器等 3 种措施实现。

4. (　　　)自立式铁塔直爬梯宜采用不落地悬空安装,悬空高度不小于 2 m。

5. (　　　)天线支臂伸出平台边应大于 800 mm。

三、简答题

1. 简述通信铁塔的意义及作用。

2. 通信铁塔的安装过程有哪些内容?

3. 简述天馈系统的安装过程。

4. 简述安装天馈系统的流程。

5. 安装铁塔附属金属构件的基本要求是什么?

附录 A

非标准设备设计费率表

类别	非标准设备分类	费率(%)
一般	技术一般的非标准设备,主要包括: 1.单体设备类:槽、罐、池、箱、斗、架、台,常压容器,换热器,铅烟除尘,恒温油浴及无传动的简单装置; 2.室类:红外线干燥室、热风循环干燥室、浸漆干燥室、套管干燥室、极橄干燥室、隧道式干燥室、蒸汽硬化室、油漆干燥室、木材干燥室	10~13
较复杂	技术较复杂的非标准设备,主要包括: 1.室类:喷砂室、静电喷漆室; 2.窑类:隧道窑、倒焰窑、抽屉窑、蒸笼窑、辊道窑; 3.炉类:冷、热风冲天炉、加热炉、反射炉、退炎炉、淬火炉、煅烧炉、坩埚炉、氢气炉、石墨化炉、室式加热炉、砂芯烘干炉、干燥炉、亚胺化炉、还氧铅炉、真空热处理炉、气氛炉、空气循环炉、电炉; 4.塔器类:Ⅰ、Ⅱ类压力容器、换热器、通信铁塔; 5.自动控制类:屏、柜、台、箱等电控仪控设备,电力拖动,热工调节设备; 6.通用类:余热利用、精铸、热工、除渣、喷煤、喷粉设备,压力加工、钣材、型材加工设备,喷丸强化机、清洗机; 7.水工类:浮船坞、坞门、闸门、船舶下水设备、升船机设备; 8.试验类:航空发动机试车台、中小型模拟试验设备	13~16
复杂	技术复杂的非标准设备,主要包括: 1.室类:屏蔽室、屏蔽暗室; 2.窑类:熔窑、成型窑、退火窑、回转窑; 3.炉类:闪速炉、专用电炉、单晶炉、多晶炉、沸腾炉、反应炉、裂解炉、大型复杂的热处理炉、炉外真空精炼设备; 4.塔器类:Ⅲ类压力容器、反应釜、真空罐、发酵罐、喷雾干燥塔、低温冷冻、高温高压设备、核承压设备及容器、广播电视塔桅杆、天馈线设备; 5.通用类:组合机床、数控机床、精密机床、专用机床、特种起重机、特种升降机、高货位立体仓储设备、胶接固化装置、电镀设备,自动、半自动生产线; 6.环保类:环境污染防治、消烟除尘、回收装置; 7.试验类:大型模拟试验设备、风洞高空台、模拟环境试验设备	16~20

注:1.新研制并首次投入工业化生产的非标设备,乘以 1.3 的调整系数计算收费;
　　2.多台(套)相同的非标设备,自第二台(套)起乘以 0.3 的调整系数计算收费

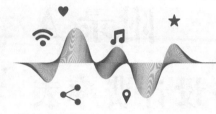

参考文献

[1]朱勇,王江平,卢麟.光通信原理与技术[M].2版.北京:科学出版社,2018.

[2]朱宗玖.光纤通信原理与应用[M].北京:清华大学出版社,2013.

[3]邓大鹏.光纤通信原理[M].北京:人民邮电出版社,2004.

[4]肖良辉.通信工程与概预算[M].北京:北京理工大学出版社,2015.

[5]吴远华,李玲.通信工程制图与概预算[M].北京:人民邮电出版社,2014.